MATEMATICA A SQUADRE: SPECIALE ARITMETICA

99 + 21 NUOVI PROBLEMI
TRATTI DALLE GARE DI MATEMATICA A SQUADRE
PER LE SCUOLE MEDIE E IL PRIMO BIENNIO

ANDREA MACCO

Copyright © 2018 Blue Monkey Studio (pubblicato tramite la linea editoriale Zenith Books)

Tutti i diritti riservati

«Non credo proprio che possa esistere nell'universo della scienza un campo più affascinante, più ricco di tesori nascosti e di deliziose sorprese, di quello dell'aritmetica.»

Lewis Carroll

«L'aritmetica ha un grande potere nell'elevare la mente costringendola a ragionare intorno a numeri astratti.»

Platone

Agli alunni ed ex-alunni dell'Istituto Santa Maria Immacolata di Via Smeria: senza di voi tutto questo non sarebbe mai nato.

Per aspera ad astra!

A chi farà uso di questo fascicolo, per allenarsi alle gare, per passione verso l'aritmetica e la matematica, per sperare di migliorare o per semplice diletto:

non arrendersi al primo tentativo!

Le soluzioni commentate possono far comprendere qualche tecnica e qualche procedimento sottostante i problemi proposti, ma poi la sfida è quella di smuovere qualcosa dentro la mente,

andando a ripescare cose vecchie da aggiungere e affiancare a insegnamenti nuovi.

Il campo dell'aritmetica è vastissimo e, come insegnava Giuseppe Peano (1858; 1932) – precursore con la sua didattica dei giochi matematici[1] – tante volte può essere anche noioso. Ma in tutti i tempi, e presso tutti i popoli, si insegnavano dei giochi per renderlo dilettevole o meno noioso. E questi giochi hanno un potere enorme, non solo perché ci fanno "giocare" e attivano molte aree della nostra mente, ma perché la costruzione del sapere matematico stesso è avvenuta e avviene in modo naturale giocando proprio a quel gioco!

L'AUTORE

---

[1] Si veda, in particolare: *Giuseppe Peano, Giochi di aritmetica e problemi interessanti, 1925.*

PREFAZIONE

A dire il vero, cosa si può scrivere in una *"prefazione allografa"*, cioè fatta da un terzo estraneo al libro, non lo sapevo tanto bene, così per prima cosa mi sono messo a leggere di buona lena il testo di Andrea, anzi a risolverlo.

Poi mi sono reso conto che la parte importante non sono i problemi, anche se tanti, divertenti ed interessanti, ma che il nocciolo della questione sta nelle pagine dove l'autore spiega come cercare una propria strada per risolverli.

Sono convinto che *"Matematica a squadre"* sia un ottimo supporto per chiunque voglia far lavorare in gruppo dei ragazzi, che spesso vedono la matematica come il fumo negli occhi, per spingerli a giocare un po' con i numeri, le figure geometriche e le astrazioni.

Una conferma alla validità di questo approccio, l'ho trovata durante l'esperienza sul campo nel progetto *"I giochi nella scuola"* dell'Associazione Labyrinth. Infatti, quando propongo ai ragazzi delle V di fare una *"giornata dei problemi"* vengo accolto da un coro di "Noooo...!!" e da facce preoccupate. Poi quell'ora dedicata principalmente alla matematica ricreativa finisce sempre per sforare seguendo la richiesta di tutti: "Facciamone ancora uno…." il che dimostra che "insegnare" è trovare il linguaggio giusto per far partecipare i ragazzi ad una esperienza diversa.

E la proposta di Andrea va in questa direzione: facciamoli lavorare in gruppo come se giocassero ed impareranno che si può fare tanta strada assieme mettendoci ognuno il proprio pezzettino, anche piccolo, ma utile a raggiungere un risultato comune.

Andrea Macco crede, come Einstein, che *"Insegnare non significa insegnare delle cose, ma insegnare ad usare il cervello"* ed io sono d'accordo con loro.

Enzo Bartolini

TESTI DEI PRIMI 99 PROBLEMI

NOTA: si è cercato, per quanto possibile, di raggruppare i testi qui proposti per tipologie e, all'interno di ciascuna tipologia, si è cercato di disporli in ordine crescente di difficoltà. A volte le tipologie si mischiano e si compenetrano, dunque la divisione, di fatto, non è stata indicata da alcuno stacco visivo o grafico, ma si procederà in successione di continuità.

Ci sono i problemi elementari riconducibili a conti o espressioni con le quattro operazioni, problemi che includono le potenze e la radici, problemi con conti frazionari, problemi riguardanti multipli e divisori (in particolari quelli sul Massimo Comun Divisore e il minimo comune multiplo) e, ancora, problemi che possono essere risolti compilando una tabella o impostando una soluzione grafica. Poi ci sono quei problemi che richiedono qualche "trucco" o "accorgimento": lì serve un po' di intuito o tanto allenamento. Non è da disprezzare la risoluzione per tentativi: c'è tutta una serie di problemi che si riesce a risolvere in maniera semplice solo adottando questa tecnica.

Molti problemi aritmetici possono essere risolti anche per via algebrica e talvolta questa via è stata indicata nelle soluzioni, ma in molti casi il lettore potrà sperimentare che esistono più vie e che la sua via è forse differente da quella qui proposta... è il bello di procedere con la propria mente!

Buona sfida!

1) **I VOLUMI DI STORIA.** I tre volumi della "Storia dell'Europa" sono appoggiati su un tavolo, uno sopra l'altro, ordinatamente dal primo al terzo (il primo sta in cima e hanno tutti la copertina in alto). Le pagine hanno, per ogni volume, uno spessore complessivo di 8 centimetri, mentre ogni copertina è spessa 5 millimetri. Quale distanza in millimetri intercorre tra l'ultima pagina del primo volume e la prima del terzo?

(Dalla Coppa Hilbert Under-15 di Parma 2012)

2) **L'ESPERIMENTO.** Alberto ha 90 minuti di tempo per compiere un esperimento. Tuttavia riceve la visita di un collega e questo imprevisto gli porta via un terzo del tempo. Un quarto del tempo rimanente se ne va nella preparazione degli strumenti, e del restante il 20% se ne va in un errato tentativo. Quanto tempo ha ancora per ultimare l'esperimento?

[Date la risposta in minuti]
(Dalla Coppa Pitagora del Festival della Scienza di Genova 2014)

3) **SVALUTAZIONE.** Un'auto comprata oggi costa 10.000 euro. Ad ogni anno che passa, il suo valore diminuisce di 1/3 (cioè ogni 15 dicembre perde 1/3 del valore che aveva il giorno precedente). Fra quanti anni il suo valore scenderà per la prima volta sotto i 2.000 euro?

(Dalla Gara a squadre Kangourou di Udine 2012)

4) **L'ALBUM DELLE FOTOGRAFIE.** Elisa ha sistemato in un album le foto fatte durante le vacanze. Le foto sono 80 ed Elisa le ha disposte in 29 pagine: in alcune pagine ha messo 4 foto e in altre 2. Quante sono le pagine con 4 foto?

(Dal Rally Matematico Transalpino 2003)

5) **NOTE MUSICALI.** In musica il tempo è cosa fondamentale! Ogni nota musicale corrisponde ad un numero ben preciso di vibrazioni al secondo. In particolare, sappiamo che pizzicando una corda di lunghezza opportuna, il LA produce 440 vibrazioni al secondo. Le note sono in rapporto fisso tra di loro. Rapportandosi al DO si ha:

note	do	re	mi	fa	sol	la	si
n° vibraz.	1	9/8	5/4	4/3	3/2	5/3	15/8

Stabilite quante vibrazioni al secondo vengono effettuate pizzicando una corda che suona un DO.

(Dalla Coppa Pitagora del Festival della Scienza di Genova 2014)

6) **LE CASTAGNE DI CARLO.** Carlo ha raccolto molte castagne. Ha riempito tre cesti, uno piccolo, uno medio e uno grande e gli restano 18 chili di castagne, che è esattamente il peso delle castagne contenute nel cesto medio. Il peso delle castagne nel cesto medio è il doppio di quelle contenute nel cesto piccolo e il peso delle castagne nel cesto grande è il doppio di quelle che sono nel cesto medio. Quanti chili di castagne ha raccolto in tutto Carlo?

(Dal Rally Matematico Transalpino 2014)

7) **LA PENSIONE PER GATTI.** John Beaf è proprietario di una pensione per gatti a Douglas, capitale dell'isola di Man (Inghilterra). Vi accoglie non solo i gatti degli abitanti dell'isola, ma anche quelli di eventuali turisti in visita. I gatti degli abitanti dell'isola di Man, e solo essi, hanno una particolarità sorprendente: non hanno la coda!
Un giorno Ross, il giovane figlio di John, decide di contare i gatti della pensione: trova 224 orecchie e solo 14 code. Quanti sono, quel giorno, nella pensione di John Beaf i gatti originari dell'isola di Man?

(Dalla Coppa Ruffini Junior di Modena e Reggio Emilia 2010)

8) **ASSEDIO.** Fuori dal villaggio i nemici hanno portato carri da guerra a quattro ruote, bighe a due ruote e torri d'assalto a due ruote, per un totale di 70 dispositivi. Quanti sono, rispettivamente, i carri da guerra, le bighe e le torri d'assalto, se sappiamo che le ruote sono complessivamente 230 e che le bighe sono i due terzi delle torri d'assalto?

[Scrivere come risultato il prodotto del numero delle bighe per quello delle torri d'assalto e per quello dei carri da guerra].
(Dal Piccolo trofeo Da Vinci di Treviso 2011)

9) **I PALLONI AREOSTATICI.** Se un solo pallone aerostatico riesce a sollevare un canestro con dentro al massimo 130 kg di materiale, mentre due palloni identici riescono insieme a sollevare il canestro con dentro al massimo 285 kg di materiale, quanti chili pesa il canestro?

(Dalla seconda Coppa Immacolatine di Genova 2014)

10) **I SIGARI DI CIOCCOLATO.** Massimo e Andrea hanno comprato ciascuno una scatola contenente 25 sigari di cioccolato. La scatola di Massimo costa 40 euro e contiene solamente sigari grandi, la scatola di Andrea costa 30 euro e contiene solo sigari piccoli. Per avere sigari di entrambi i tipi, Massimo dà 12 sigari grandi ad Andrea, che ricambia con 12 piccoli. Massimo, però, non è soddisfatto e pensa che Andrea gli debba ancora dare qualche cosa. Quanti sigari di cioccolato deve ancora dare Andrea a Massimo perché il conto sia giusto?

(Dal Rally Matematico Transalpino 2006)

11) **LE AMPOLLE.** Nel bio-laboratorio vi è una credenza piena di ampolle di varia capacità. Su uno dei ripiani della credenza sono disposte in fila cinque ampolle, delle quali la prima da sinistra ha una capacità di 15 decilitri e l'ultima di 150 decilitri.
Sapendo che la somma delle capacità delle prime tre ampolle (da sinistra) è di 90 decilitri, delle tre centrali è di 200 decilitri e delle ultime tre è di 310 decilitri, quanti decilitri è capiente l'ampolla di mezzo?

(Dalla seconda Coppa Immacolatine di Genova 2014)

12) **BANDIERE AL VENTO.** Perché una bandiera non venga strappata dal vento, la sua asta deve essere infissa nel suolo per un quarto della sua lunghezza se il suolo è di terra, per un terzo se il suolo è di sabbia. Spostandosi da un suolo di terra ad uno di sabbia, occorre che l'estremo interrato dell'asta sia posto 60 cm più in profondità.
Se la bandiera viene infissa in un suolo di sabbia, quanti centimetri misura la parte dell'asta che esce dal suolo?

(Dalla Gara a squadre Kangourou di Genova 2015)

13) **RISTRUTTURAZIONE.** Quando finisce la scuola, la ditta Vettori & figli è incaricata di imbiancare le 13 aule del secondo piano. Piero Vettori è un bravo imbianchino e per imbiancare un'aula impiega 3 ore. Suo figlio Paolo è molto più lento e impiega 6 ore. Lavorando insieme, quante ore lavorative impiegano per imbiancare il secondo piano?

(Dalla Gara Leomajormath di Pordenone 2011)

14) **UNA DIFFERENZA DI INTERI.** Qual è la differenza fra il più grande numero di quattro cifre significative tutte diverse fra loro e il più piccolo numero di quattro cifre significative tutte diverse fra loro?

(Dalla Coppa Hilbert Under-15 di Parma 2012)

15) **LE NOVE CARTE.** Carlo ha a disposizione 9 carte: su ciascuna di esse è scritta una cifra, nessuna carta riporta la cifra 0 e carte diverse riportano cifre diverse. Accostando le carte a gruppi di tre, Carlo vuole formare tre numeri di 3 cifre ciascuno in modo che la somma di questi tre numeri sia la più alta possibile. Qual è il valore più alto che può ottenere?

(Dal Piccolo trofeo Da Vinci di Treviso 2012)

16) **SEI CIFRE PER DUE NUMERI.** Avete a disposizione le cifre 1, 3, 4, 7, 8, 9 per formare due numeri di tre cifre ciascuno, e le dovete impiegare tutte. Volete che sia la somma, sia il prodotto dei due numeri che formate siano i più grandi possibile. Qual è il più grande dei due numeri?

(Dalla semifinale nazionale della Coppa a squadre Kangourou 2010)

17) **I VIDEOLOG.** Il caporale Ordine è solito registrare dei videolog in cui riporta le scoperte delle proprie reclute matematiche. Dall'arrivo sul pianeta Pandora, ha effettuato 36 registrazioni su supporti digitali sui quali ha applicato etichette di vario colore per la catalogazione. Ha usato etichette bianche per 25 registrazioni, etichette rosse per 28 ed etichette nere per 20. Solo 5 registrazioni sono state etichettate applicando, su ciascuna di esse, tre etichette, una per colore. Su quante registrazioni ha applicato una sola etichetta?

(Dalla seconda Coppa Immacolatine di Genova 2014)

18) **PRIMA DI MARTINA.** Martina è nata il 9 maggio dell'anno scorso a mezzogiorno. Sua mamma è nata il 9 maggio del 1983 sempre a mezzogiorno. Quante notti ha vissuto la mamma di Martina prima che nascesse Martina?

(Dalla semifinale nazionale della Coppa a squadre Kangourou 2009)

19) **LA VINCITA IN NUMERONI.** Quest'anno c'è una novità. Viene assegnata una certa somma di denaro (in numeroni, la moteta dello Stato di Numerovia) alla prima risposta esatta, il doppio alla seconda risposta esatta, il doppio (di quello avuto alla seconda risposta esatta) alla terza risposta esatta e così via. Arrivata al decimo quesito ed avendo risposto correttamente a tutti e dieci i problemi, la nostra squadra ha vinto complessivamente 5115 numeroni. Qual è stata la somma assegnata alla prima risposta esatta?

(Dal quinta gara a squadre per scuole medie "Giovanna Spada" di Sassari 2016)

20) **IN PALESTRA.** Angela e Rosanna frequentano la stessa palestra ma con modalità di pagamento diverse. Angela paga una quota fissa mensile di 12 euro più 2,50 euro per ogni presenza. Rosanna ritiene che sia più conveniente pagare 3 euro per ogni presenza effettiva.
Entrambe frequentano assiduamente la palestra e insieme giungono alla conclusione che per un determinato numero di presenze la scelta della modalità di pagamento è del tutto indifferente. Quante volte in un mese le due amiche devono andare in palestra per essere sicure di pagare la stessa cifra?

(Dal Rally Matematico Transalpino 2006)

21) **CONSEGNE A DOMICILIO.** La moneta utilizzata dai mateninja è il pyu, che, come l'euro, si suddivide in centesimi. Nel Villaggio della Retta i ninja messaggeri a cui vengono affidate importanti consegne a distanza, chiedono 2,75 pyu per il primo quarto di km e 15 centesimi per ogni quarto di km in più, mentre quelli del Villaggio del Quadrato chiedono 4 pyu per il primo quarto di km e 10 centesimi per ogni quarto di km in più. Qual è la distanza (in metri) per cui si paga lo stesso prezzo? (Se secondo voi non esiste, rispondete 0000).

(Dalla Coppa Hilbert Under-15 di Parma 2008)

22) **TRENI GIAPPONESI.** Sulla linea ferroviaria Tokyo-Osaka, durante tutta la giornata parte da Tokyo un rapido ogni 20 minuti che effettua l'intero percorso in 3 ore. Sulla stessa linea parte da Tokyo, sempre per Osaka e sempre ogni 20 minuti durante tutta la giornata, anche un diretto che effettua l'intero percorso in 4 ore e 10 minuti. Per andare da Tokyo ad Osaka, ieri ho preso il rapido delle 10:10 mentre un mio amico ha preso il diretto delle 16:35. Ieri tutti i treni hanno viaggiato in orario (sono giapponesi!!). Quanti diretti ho sorpassato ieri durante il tragitto?

(Dalla Coppa Hilbert Under-15 di Parma 2012)

23) **LA LUMACA.** Alle 19:45 una lumaca inizia a scalare un muro alto 3 metri per raggiungere la sua compagna piazzata sul muro alla quota di 1 metro di altezza dalla base. La velocità di entrambe le lumache è di 10 cm ogni quarto d'ora. Dopo il primo quarto d'ora la prima lumaca fa una pausa di un quarto d'ora, poi alterna tre quarti d'ora di salita con un quarto d'ora di riposo. Alle 20:00 la compagna si accorge di essere seguita. Sale allora per un quarto d'ora, poi si riposa un quarto d'ora e continua alternando un quarto d'ora di salita ad un quarto d'ora di riposo. A che ora la prima lumaca raggiungerà la sua compagna?

[Ad esempio, per le 9:35 scrivete 0935]
(Dalla Coppa Hilbert Under-15 di Parma 2012)

24) **NASTRINI E PERLINE.** Alice gioca spesso con nastrini e perline forate. Ogni volta prende un nastrino, vi fa un nodo, infila nel nastrino un certo numero di perline colorate e, alla fine, fa un secondo nodo per impedire alle perline di uscire. Oggi Alice ha infilato due nastrini utilizzando per ciascuno di essi perline bianche e perline azzurre.
Osservando bene il suo lavoro, Alice si accorge che in ciascuno dei due nastrini:
- ha usato lo stesso numero totale di perline;
- ha sempre fatto precedere e seguire ogni perlina bianca da almeno due perline azzurre;
- non ha mai messo più di tre perline azzurre consecutive.

Alice nota però che in uno dei nastrini ha usato due perline azzurre in più rispetto all'altro.
Qual è il numero minimo di perline che Alice può aver utilizzato per ciascuno dei suoi nastrini?

(Dal Rally Matematico Transalpino 2006)

25) **NUMERI DISPETTOSI.** Diciamo che un numero intero positivo è "dispettoso" se diviso per 6 dà resto 5 e diviso per 8 dà resto 7. Trovate i primi due numeri dispettosi e scriveteli nell'ordine (per esempio, se fossero 65 e 86 dovreste scrivere 6586).

(Dalla finale nazionale della Coppa a squadre Kangourou 2009)

26) **LE BIGLIE.** Mauro ha un numero di biglie compreso fra 50 e 60. Se le raggruppa a due a due oppure a tre a tre, gliene rimane comunque fuori una. Quante biglie ha?

(Dalla Coppa Marconi Junior – Gara a squadre Kangourou di Parma 2014)

27) **ARCHIMEDE MONOMIO.** Il più anziano matematico di Matelandia, Archimede Monomio, non vuole rivelare la sua età, ma tutti sanno che la sua età è un numero di due cifre che diviso per 2 dà resto 1, diviso per 5 dà resto 3 e diviso per 9 dà resto 2. Qual è l'età di Archimede?

(Dal quinta gara a squadre per scuole medie "Giovanna Spada" di Sassari 2016)

28) **LA PESCA.** A una pesca di beneficenza si pescano biglie di vari colori: il punteggio che è assegnato da una biglia è lo stesso per tutte le biglie che hanno lo stesso colore. Una biglia blu assegna più punti di una biglia rossa; cinque biglie blu e due biglie rosse danno in totale 34 punti. Quanti punti danno in totale due biglie blu e cinque biglie rosse?

(Dalla Gara a squadre Kangourou di Genova 2014)

29) **UNA STRANA CALCOLATRICE.** Alan utilizza una strana macchina da calcolo che permette di eseguire solo due operazioni: aggiungere 12 o sottrarre 7 dal numero che compare scritto. Quante operazioni al minimo sono necessarie per passare da 2014 a 2015?

(Dalla seconda Coppa Immacolatine di Genova 2014)

30) **QUANTI ADDENDI.** Quanto vale la somma
$$1 - 2 + 3 - 4 + 5 - 6 + \cdots + 2011 - 2012 + 2013 \, ?$$

(Dalla Coppa Hilbert Under-15 di Parma 2012)

31) **SOMME E SOTTRAZIONI.** Il risultato della seguente espressione
$$2^3 - 2^2 + 2^3 - 2^2 + 2^3 - 2^2 + \cdots + 2^3 - 2^2$$
è 2012. Quante volte vi compare il segno "meno"?

(Dal Piccolo trofeo Da Vinci di Treviso 2012)

32) **DIFFERENZE DI QUOZIENTI.** Considerate il numero
$$\frac{36}{5 \cdot 7} - \frac{1}{5 \cdot 6 \cdot 7} - \frac{1}{6 \cdot 7 \cdot 8} - \frac{1}{6 \cdot 8}.$$
Quanto vale il prodotto di questo numero per 337?

(Dalla Coppa Marconi Junior – Gara a squadre Kangourou di Parma 2015)

33) **DOPO IL 2013!** Eccovi i primi quattro termini di una lunga successione così costruita:
$$\frac{1}{1} \cdot \frac{1}{2}; \; \frac{1}{2} \cdot \frac{1}{3}; \; \frac{1}{3} \cdot \frac{1}{4}; \; \frac{1}{4} \cdot \frac{1}{5}; \; \cdots$$
Calcolate la somma di questi termini fino al 2013esimo:
$$\frac{1}{1} \cdot \frac{1}{2} + \frac{1}{2} \cdot \frac{1}{3} + \frac{1}{3} \cdot \frac{1}{4} + \frac{1}{4} \cdot \frac{1}{5} + \frac{1}{5} \cdot \frac{1}{6} + \cdots + \frac{1}{2013} \cdot \frac{1}{2014}$$
poi moltiplicate il risultato ottenuto per 2014.
Quale numero avete trovato?

(Dalla finale del Rally Matematico Transalpino 2014)

34) **DUE MESI PASSANO DI CORSA.** Oggi è il 4 dicembre. L'atletico mateninja Romb Lee si allena per la maratona che ci sarà fra 2 mesi, il 4 febbraio. A partire da domani andrà a correre tutti i giorni, facendo 1 km il primo giorno, 2 km il secondo giorno, 3 km il terzo e così via fino al 4 gennaio (31 km). Arrivato al culmine dell'allenamento, egli comincerà a calare la lunghezza da correre di un km al giorno per arrivare in forma sì, ma riposato al giorno della gara (30 km il 5 gennaio, 29 km il 6 gennaio e così via). Il 4 febbraio c'è la gara (42 km). Quanti chilometri avrà percorso in totale nei due mesi?

(Dalla Coppa Hilbert Under-15 di Parma 2008)

35) **TRA PARENTESI.** Se nell'espressione $2 : 2 : (2 : 2 \cdot 2) \cdot 2$ cambiamo la posizione delle parentesi in tutti i modi possibili, quanti risultati diversi possiamo ottenere?

(Dalla Coppa Ruffini Junior di Modena e Reggio Emilia 2010)

36) **LO SCAMBIO DI CIFRE.** Scrivendo al computer la sua età, che è espressa da un numero di due cifre ed è inferiore a 20 anni, Cecilia ha scambiato per errore le cifre: in questo modo ha aumentato la sua età di 27 anni. Quanti anni ha Cecilia?

(Dalla Gara a squadre Kangourou di Genova 2014)

37) **NON DEVE ESSERE NEGATIVO.** Quanto vale la somma di tutti i numeri interi positivi n tali che il numero $n^2 - 2n$ sia non negativo?

(Dalla Coppa Marconi Junior – Gara a squadre Kangourou di Parma 2015)

38) **MOLTIPLICAZIONE CRIPTICA.** Su un tronco è incisa una strana moltiplicazione in colonna, della quale non sono più visibili alcune cifre. Quanto vale il primo dei due fattori?

$$\begin{array}{r} *\,*\,*\,* \times \\ 5\,* = \\ \hline *\,*\,*\,* \\ *\,*\,*\,* \\ \hline 9\,1\,6\,3\,7 \end{array}$$

(Dalla seconda Coppa Immacolatine di Genova 2014)

39) **LA SOMMA CIFRATA.** In questa somma ogni cifra è stata sostituita da una e una sola lettera. Come in ogni espressione criptata, cifre differenti sono sempre sostituite da lettere differenti. Quanto vale BAC?

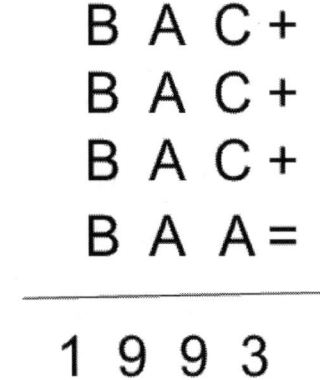

(Dalla Coppa Ruffini Junior di Modena e Reggio Emilia 2010)

40) **SOMMA CIFRATA.** Nella somma indicata in figura ognuna delle lettere X,Y,Z rappresenta una cifra non nulla. Le tre cifre sono distinte fra loro. Quanto vale il risultato della somma?

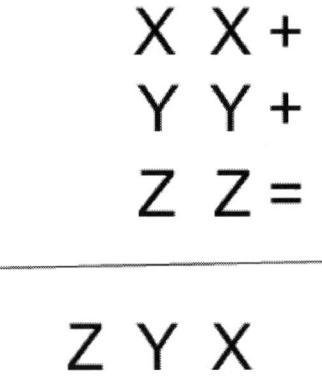

(Dalla Gara Leomajormath di Pordenone 2011)

41) **UNA STRANA MOLTIPLICAZIONE.** Daniele è impegnato a risolvere uno strano indovinello che sua cugina gli ha proposto. Deve ricostruire la moltiplicazione "misteriosa" della figura, sapendo che le sole cifre che può inserire nelle caselle sono 2, 3, 5 e 7.

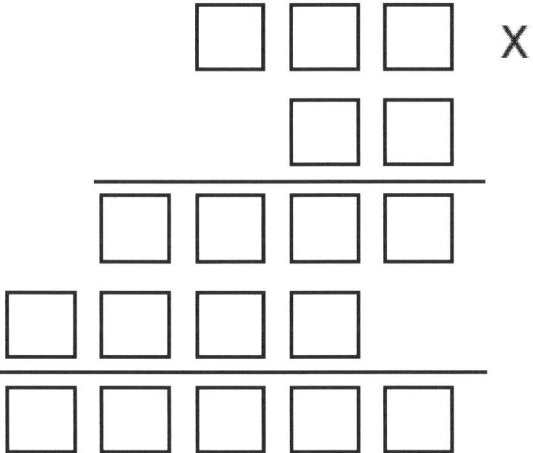

A Daniele l'indovinello sembra troppo difficile. Sua cugina allora, per aiutarlo, precisa che c'è un solo modo di sistemare le cifre nelle caselle.

[Dare come soluzione il risultato finale della moltiplicazione escludendo la cifra delle unità]
(Dalla finale del Rally Matematico Transalpino 2006)

42) QUATTRO RADICI QUADRATE. Calcolate:

$$\sqrt{1 + 105 \cdot \sqrt{1 + 104 \cdot \sqrt{1 + 103 \cdot \sqrt{1 + 100 \cdot 102}}}}$$

(Dalla Gara a squadre Kangourou di Modena e Reggio Emilia 2012)

43) UN PRODOTTO DI 98 FATTORI. Esprimete il valore del seguente prodotto

$$\left(1 - \frac{2}{3}\right) \cdot \left(1 - \frac{2}{4}\right) \cdot \left(1 - \frac{2}{5}\right) \cdot \ldots \cdot \left(1 - \frac{2}{99}\right) \cdot \left(1 - \frac{2}{100}\right)$$

mediante una frazione che abbia per numeratore e denominatore degli interi positivi e sia ridotta ai minimi termini. Scrivete il denominatore della frazione.

(Dalla semifinale nazionale della Coppa a squadre Kangourou 2009)

44) I NUMERI DI ENRICO. Enrico scrive un numero di almeno due cifre. Calcola la somma delle ultime due cifre che ha scritto e aggiunge il numero di una o due cifre che così ottiene in coda al numero che aveva scritto per primo. Ripete ora l'operazione sul numero così ottenuto, e così via. Ad esempio,

iniziando con 362, otterrebbe 3628 e poi 362810 e avrebbe finora scritto 6 cifre. Se inizia scrivendo 2012 e prosegue fino a quando ha scritto 2012 cifre in tutto, quali sono le ultime quattro cifre che ha scritto, nell'ordine in cui le ha scritte?

(Dalla Gara a squadre Kangourou di Udine 2012)

45) **GEOMETRIX E LE POTENZE.** Nel villaggio Matematix sfida Geometrix a calcolare il risultato della seguente espressione:

$$8^{16} : 4^{20}.$$

Geometrix non ce la fa, è proprio negato per i conti puri. Aiutatelo voi!

(Dal Piccolo trofeo Da Vinci di Treviso 2011)

46) **L'ULTIMA CIFRA.** Con quale cifra termina il numero $2^{2009} + 3^{2009} + 5^{2009} + 7^{2009}$?

(Dalla semifinale nazionale della Coppa a squadre Kangourou 2009)

47) **LO SPIRITO CREATIVO.** A sconvolgere il clima di festa delle tribù riunite dei Calculus, degli Analitici e dei Numeri ci pensa lo spirito puro della foresta di Pandora, che dopo averli aiutati a sconfiggere le truppe dell'Oscurantismo e dell'Ignoranza, mostra il suo dispettoso lato matematico ponendo ai guerrieri matematici la seguente filastrocca - problema:

"Per la strada che porta a Pandora
passava un uomo con sette fratelli e una bella signora.
Ogni fratello aveva sette sacche, in ogni sacca aveva sette gatte,
ogni gatta sette gattini.
Fra gatti, gatte, sacche, fratelli e signora
in quanti andavano, dite, a Pandora?"

(Dalla seconda Coppa Immacolatine di Genova 2014)

48) **UN TORNEO AMBITO.** Lo scorso anno ad un torneo di tennis ad eliminazione diretta hanno partecipato 32 giocatori. Nella prima fase ogni giocatore ne ha affrontato un altro (sono state giocate in totale 16 partite) e il perdente è stato eliminato. Nella seconda fase ognuno dei 16 vincenti ne ha affrontato un altro (sono state giocate in totale 8 partite) e il perdente è stato eliminato. Così si è proceduto fino alla quinta fase (la finale). Tutti gli accoppiamenti (tranne ovviamente l'ultimo) sono avvenuti per sorteggio.

Quest'anno le richieste di partecipazione, tutte accolte, sono state molte di più: guarda caso proprio 2009. Il comitato organizzatore ha deciso di sorteggiare alcuni giocatori, il minor numero possibile, da ammettere direttamente alla seconda fase e rendere quindi attuabile a partire dalla seconda fase il meccanismo illustrato sopra (numero dei giocatori dimezzabile ad ogni fase). Quante partite sono state giocate complessivamente quest'anno in quel torneo?

(Dalla finale nazionale della Coppa a squadre Kangourou 2009)

49) UN QUADRATO CHE È UN CUBO. Qual è l'unico numero di 4 cifre che è contemporaneamente un quadrato e un cubo perfetto?

(Dalla semifinale nazionale della Coppa a squadre Kangourou 2010)

50) LA SABBIA. Per fabbricare una clessidra della durata di 12 minuti serve un quantitativo di sabbia pari a 15 grammi. Quanti grammi di sabbia servono per fabbricare una clessidra da un'ora?

(Dalla Coppa Pitagora del Festival della Scienza di Genova 2014)

51) GALILEO. Galileo era solito misurare il tempo con il battito del suo cuore. In un minuto il suo cuore, a riposo, faceva 72 battiti. Successivamente scoprì che le oscillazioni di un pendolo erano tra loro isocrone, ossia tutte di durata uguale. Galileo iniziò allora ad utilizzare un pendolo che compiva una oscillazione ogni 6 battiti del suo cuore.

A quanto corrisponde, in secondi, un tempo di 11 oscillazioni del pendolo di Galileo?

(Dalla Coppa Pitagora del Festival della Scienza di Genova 2014)

52) TIRO CON L'ARCO. Durante la permanenza di John al villaggio dei Calculus, un gruppo di guerrieri matematici organizza una gara di tiro a bersaglio usando arco e frecce. John sfida l'esperto capo tribù Gottfried ed entrambi hanno lo stesso numero di frecce a disposizione. Al termine della gara, John ha centrato il bersaglio con l'85% delle frecce a sua disposizione, mentre Gottfried l'ha centrato col 90% delle sue frecce e due volte in più dell'avversario. Quante frecce hanno scagliato in tutto i due tiratori?

(Dalla seconda Coppa Immacolatine di Genova 2014)

53) LA PERCENTUALE. Se una quantità passa da 60 a 90 subisce un incremento del 50%. Qual è la percentuale di incremento se passa da 60 a 300?

(Dalla Gara a squadre Kangourou di Genova 2014)

54) **GIGI IL TAGLIALEGNA.** Gigi impiega tre quarti d'ora a tagliare una trave in 4 pezzi. Quanti minuti impiega a tagliare una trave identica alla precedente in 8 pezzi? (Le travi sono tali che i tagli richiedono lo stesso tempo in qualunque punto vengano fatti).

(Dalla Gara a squadre Kangourou di Genova 2013)

55) **ESAME DI AMMISSIONE.** Ad un esame di ammissione all'Università, Paolo dell'ex 5 A, doveva rispondere correttamente ad almeno l'80% delle domande del questionario. A dieci minuti dalla fine, Paolo aveva esaminato 15 domande ed era sicuro di aver risposto esattamente a 10 di esse. Se rispondeva correttamente a tutte le domande rimanenti, raggiungeva l'80% di risposte giuste. Per poco ci riuscì. Quante erano le domande nel questionario?

(Dalla Gara Leomajormath di Pordenone 2011)

56) **GRANDI.** Se Probabilix è 50% più grande di Statix e Geometrix 25% più grande di Statix, allora quanto in percentuale è più grande Probabilix di Geometrix?

(Dal Piccolo trofeo Da Vinci di Treviso 2011)

57) **IL REFERENDUM.** Si è tenuto un referendum. Quando è stato scrutinato il 30% delle schede, i "SI" sono il 33% delle schede scrutinate. Si sono scrutinate altre schede fino a raggiungere complessivamente il 40% delle schede: in queste ultime schede scrutinate i "SI" sono il 45%. Qual è la percentuale dei "SI" sulla totalità delle schede scrutinate fino ad ora?

(Dalla Gara a squadre Kangourou di Udine 2012)

58) **LA DIETA DELL'OH-CAPO.** Da quando Madamigella Tsumate è il quinto oh-capo del Villaggio della Retta, è diventato prioritario per tutti i matenija adottare una dieta corretta e ipocalorica. Questo per Jiccho e il suo clan è un bel problema, perché essi convertono le calorie in poteri matenija! Supponiamo che una mela abbia il 95% di calorie in meno di un cioccolatino. Quante mele deve mangiare Jiccho per avere a disposizione tutte le calorie di un cioccolatino?

(Dalla Coppa Hilbert Under-15 di Parma 2008)

59) **LE ARANCE INVENDUTE.** All'ortomercato c'era una partita di arance: dopo un'offerta promozionale ne sono rimaste invendute 581 che costituiscono il 7% di quelle inizialmente disponibili. Quante ne sono state vendute?

(Dalla Coppa Hilbert Under-15 di Parma 2012)

60) IN PIZZERIA. Tre amici vanno in pizzeria e prima di ordinare consultano il menu:

PIZZERIA RMT – SPECIALITÀ TRANSALPINE			
Pizze		Bibite e dessert	
Pizza margherita	5,50 €	Acqua	2 €
Pizza ai funghi	6,30 €	Coca cola	3,10 €
Pizza quattro stagioni	7,30 €	Birra	3,80 €
Pizza al tartufo	8,20 €	Dolce	5 €
Pizza capricciosa	8,50 €	Caffè	2 €
Pizza transalpina	9 €		

Scelgono così:
- Andrea: pizza quattro stagioni, birra e caffè;
- Bernardo: pizza al tartufo, acqua e dolce;
- Carlo: pizza transalpina, coca-cola e dolce.

Essi preparano il denaro per pagare, ciascuno a seconda di ciò che ha consumato; alla cassa però, il totale è solo di 42 €, perché ottengono uno sconto.
Quanto dovrebbe pagare ciascuno alla cassa per una giusta ripartizione dello sconto, secondo gli importi dovuti?

[Dare come soluzione l'importo dovuto da Carlo, con due decimali, senza virgola.
Ad esempio se la soluzione è 10 euro scrivere 1000, se è 9,25 euro scrivere 0925]
(Dal Rally Matematico Transalpino 2014)

61) GLI STRISCIONI. La Professoressa Vincenza è di gran sostegno alla nostra squadra, infatti si sta occupando del tifo durante la gara. Ha preparato dei bellissimi striscioni usando una pezza di stoffa lunga 126 m ed alta 40 cm. La pezza è stata tessuta usando 12 matasse da 500 g ciascuna.
Qual è la lunghezza di una pezza di stoffa della stessa qualità, se deve essere alta 30 cm e tessuta con 45 matasse da 200 g ciascuna?

(Dalla quinta gara a squadre per scuole medie "Giovanna Spada" di Sassari 2016)

62) **IL QUESITO DI MAGO MERLINO.** Mago Merlino vuol mettere alla prova le capacità matematiche del piccolo Semola, il futuro Re Artù. Il quesito che gli propone è il seguente:
Il fabbro del nostro villaggio ha tre figli maschi. Se si addizionano le loro età si ottiene 13, se si moltiplicano si ottiene 36. Il maggiore dei figli aiuta già il padre nel suo lavoro. Quanti anni hanno i figli del fabbro?
Dopo averci pensato bene, Semola dà la sua risposta. Mago Merlino è molto soddisfatto: la soluzione che Semola ha trovato è proprio quella giusta!
[Dare come risposta le età dei figli scritte in ordine crescente una di seguito all'altra]
(Dal Rally Matematico Transalpino 2003)

63) **DUE PROGRESSIONI.** Una sequenza di numeri è una progressione aritmetica di ragione q se ogni termine, a parte il primo, dista q dal precedente. Due progressioni aritmetiche di ragioni diverse partono entrambe da 1 e la ragione della prima è 4449. Quale deve essere la ragione della seconda affinché in essa ricompaia il più presto possibile un altro termine presente anche nella prima?
(Dalla Gara a squadre Kangourou di Genova 2015)

64) **LE CAMPANELLE.** Un grande Istituto Scolastico comprende vari ordini di scuola. Al primo piano stanno le elementari, dove la campanella che scandisce le giornate suona ogni 40 minuti. Al secondo piano vi è una scuola media inferiore, dove la campanella suona ogni 50 minuti. Infine al terzo piano vi è una scuola media superiore, dove le lezioni durano di più e la campanella suona ogni 60 minuti. Alle 07.30 del mattino tutte le campanelle suonano contemporaneamente l'inizio della prima lezione. A che ora, nel corso della giornata, suoneranno nuovamente tutte e tre insieme?
[Dare come risposta le 4 cifre che compongono l'ora, scritta nel formato delle 24 ore. Ad esempio se la risposta è l'1 del pomeriggio bisogna scrivere 1300, le 9 e 20 di sera: 2120, mezzanotte: 0000].
(Dalla Coppa Pitagora del Festival della Scienza di Genova 2014)

65) **IL CACCIATORE MATEMATICO.** Per diventare un cacciatore matematico, una recluta di Pandora deve superare due prove: la cattura di un Numerino nel Grande Labirinto e la soluzione di un problema matematico. John dovette risolvere il seguente: "Due numeri primi tra loro hanno come minimo comune multiplo il numero 198. Quanto vale il prodotto di questi due numeri?"
(Dalla seconda Coppa Immacolatine di Genova 2014)

66) **COMBINAZIONE LUCCHETTO.** Matematix ha scoperto un trucco per ricordare il numero del codice di quattro cifre del suo lucchetto. Ha osservato che è il minore dei numeri che diviso per un qualunque intero fra 2 e 9 inclusi dà come resto 1. Qual è il numero di codice del lucchetto di Matematix?
(Dal Piccolo trofeo Da Vinci di Treviso 2011)

67) **I CICLAMINI.** Nel piazzale esterno all'Hotel c'è una aiuola rettangolare. Lungo i suoi lati, che misurano 245 cm e 350 cm, il giardiniere vuole piantare dei ciclamini in modo che la distanza tra una piantina e l'altra sia sempre la stessa e la maggiore possibile, e in modo che una piantina stia proprio sul vertice dell'angolo. Quante piantine serviranno in tutto al giardiniere?

(Dal quinta gara a squadre per scuole medie "Giovanna Spada" di Sassari 2016)

68) **IL MASSIMO COMUNE DIVISORE.** Sara ha scelto tre numeri interi positivi in modo che il loro prodotto sia 72.000 e il loro massimo comune divisore sia il più grande possibile. Quale è il loro massimo comune divisore?

(Dalla Coppa Marconi Junior – Gara a squadre Kangourou di Parma 2014)

69) **LE DUE SCALE.** Il signor Meli, ha due scale per raccogliere le mele sui suoi alberi. Le scale hanno la stessa lunghezza, ma con i pioli a distanze di 20 cm su una e di 30 cm sull'altra; il primo piolo di ciascuna delle due scale è alla stessa altezza dal suolo.
Quando il signor Meli mette le scale a posto nel garage, le sovrappone una all'altra esattamente e vede 45 pioli. Qual è la lunghezza (in cm) delle scale tra il primo e l'ultimo piolo?

(Dalla finale del Rally Matematico Transalpino 2006)

70) **LA PRIMA PROVA DELL'ESAME DA BRAVIN.** Quando i Piccin hanno fatto abbastanza esperienza, possono fare l'esame per raggiungere il livello di Bravin. Oggi c'è la prima prova dell'esame: Numeruto e gli altri mateninja di grado Piccin sono in aula ed affrontano un duro compito teorico. Quattro numeri primi si scrivono nel seguente modo:

AA BAB BACD AAAC

Sapendo che ogni lettera rappresenta una cifra, che a lettere uguali corrispondono cifre uguali e che a lettere diverse corrispondono cifre diverse, che numero è ABCD?

(Dalla Coppa Hilbert Under-15 di Parma 2008)

71) **DUE LETTERE, DUE CIFRE.** A e B sono due delle dieci cifre e il numero di cinque cifre significative ABABA è divisibile per 5. Scrivete il numero di quattro cifre significative più piccolo che potete ottenere utilizzando, una e una sola volta ciascuno, quattro dei valori che possono essere attribuiti ad A o a B.

(Dalla Gara a squadre Kangourou di Genova 2015)

72) **DUE CIFRE PER DUE NUMERI.** A e B sono due cifre diverse da 0, il numero di cinque cifre ABABA è divisibile per 3 e il numero di sette cifre BABABAB è divisibile per 18. Scrivete il numero

più grande che potete ottenere utilizzando, una e una sola volta ciascuno, i valori che possono essere attribuiti ad A o a B.

(Dalla Coppa Marconi Junior – Gara a squadre Kangourou di Parma 2015)

73) CIFRE CRESCENTI. Considerate i numeri interi positivi di 4 cifre tali che, in ognuno di essi, le cifre siano crescenti da sinistra verso destra (ad esempio 1234 o 2467 sono accettabili, mentre 2245 o 6579 non lo sono). Fra questi numeri, scegliete ora solo quelli divisibili per 6. Qual è il più grande fra questi ultimi?

(Dalla Coppa Hilbert Under-15 di Parma 2012)

74) LE UOVA. Andando al mercato il contadino dispone le sue uova in fila per 7, ma vede che nell'ultima fila ne dispone solo 6, poi le dispone in fila per 6 e nell'ultima fila gliene avanzano 5, infine in fila per 5 e nell'ultima fila gliene avanzano 4. Sapendo che erano meno di 400, quante uova aveva?

(Da Incontri Olimpici 2015)

75) QUADRATI PERFETTI. Considera tutti i numeri interi da 1 a 10.000, compresi 1 e 10.000: quale percentuale di essi è costituita da numeri che sono quadrati perfetti (cioè che sono il quadrato di qualche numero intero)?

(Dalla semifinale nazionale della Coppa a squadre Kangourou 2009)

76) MOLTI FATTORI PER UN PRODOTTO. Poniamo $13! = 1 \times 2 \times 3 \times ... \times 12 \times 13$ (cioè 13! è il prodotto dei primi 13 interi positivi, ognuno considerato una sola volta). Qual è il più piccolo intero positivo k tale che $k \times 13!$ sia un quadrato perfetto?

(Dalla Gara a squadre Kangourou di Genova 2015)

77) LE PAGINE DEL LIBRO. Giacomo apre il suo libro e si accorge che il prodotto dei numeri che indicano le due pagine vale 306. Qual è il numero della pagina a destra?

(Dalla Gara Leomajormath di Pordenone 2015)

78) **LA SEGRETERIA.** La segretaria è alle prese con il conteggio dei buoni scolastici. Pico si offre subito di aiutarla. Suor Francesca ha ricavato in una settimana complessivamente 130 euro provenienti dai buoni gialli, da quelli rossi e da quelli azzurri. Quelli gialli costano 7 euro l'uno, quelli rossi 5 euro l'uno e quelli azzurri 12 euro l'uno. Il numero di buoni venduti per ogni colore è diverso, ma è sempre un numero pari, di una sola cifra, escluso lo zero. Inoltre si sa che i buoni da 5 euro sono stati quelli più venduti. Quanti buoni ha venduto in tutto la segretaria?
(Dalla prima Coppa Immacolatine di Genova 2014)

79) **SFIDA CON IL RIVALE.** Esch incontra il suo acerrimo rivale Galoy che con la sua solita arroganza gli chiede quanti pokemath abbia catturato fino ad ora. Esch risponde prontamente: "Ne ho catturati più di 500 e meno di 700 e se li divido in gruppi di 9, 10 o 12, ottengo sempre lo stesso resto, 2". Quanti pokemath ha catturato Esch?
(Dalla Coppa Hilbert Under-15 di Parma 2010)

80) **LE PORTE.** In un lunghissimo corridoio ci sono 1.000 porte numerate da 1 a 1.000 che inizialmente sono chiuse. All'inizio del corridoio ci sono 1.000 persone, numerate da 0 a 999, che agiscono come segue. La persona 0 percorre il corridoio dall'inizio e modifica lo stato di tutte le porte (dunque le apre tutte). Dopo di lei, la persona 1 percorre il corridoio dall'inizio: salta una porta (la prima) e modifica lo stato della seconda (in questo caso la chiude), quindi salta la terza e modifica lo stato della quarta e così via. Dopo di lei, la persona 2 percorre il corridoio dall'inizio saltando ordinatamente 2 porte su 3 (cioè la prima e la seconda, la quarta e la quinta e così via) e cambia lo stato delle porte che non salta. Si procede in questo modo: la persona n percorre il corridoio dall'inizio saltando ordinatamente n porte su $n + 1$ e cambiando lo stato di quelle che non salta (cioè aprendo quelle che trova chiuse e chiudendo quelle che trova aperte).
Quando anche la millesima persona avrà compiuto il proprio percorso, quante saranno le porte rimaste aperte?
(Dalla finale nazionale della Coppa a squadre Kangourou 2009)

81) **L'ETÀ DEL NONNO.** Il nonno, che non è ancora centenario, afferma: "Fra un anno la mia età sarà un numero multiplo di 2, fra 2 anni sarà un numero multiplo di 3, fra 3 anni un numero multiplo di 4 e fra 4 anni un numero multiplo di 5". Quanti anni ha il nonno?
(Dalla Coppa Ruffini junior di Modena e Reggio Emilia 2010)

82) **LA FAMIGLIA DEGLI ELFI.** Nel bosco di un paese lontano vive una famiglia di elfi: papà, mamma, nonni e una bambina. Gli elfi sono creature fantastiche e possono vivere molto a lungo. Tra meno di

dieci anni, il nonno compirà 1.000 anni. La bambina, la mamma e il nonno compiono gli anni lo stesso giorno.

Quest'anno nel giorno del compleanno, la bambina dice al nonno: «Nonno, ho notato che la mamma oggi compie la metà dei tuoi anni e io oggi ho esattamente un terzo dell'età della mamma!»

Tra quanti anni il nonno compirà 1.000 anni?

(Dal Rally Matematico Transalpino 2014)

83) SOLO 8 E 9. Quante cifre ha il più piccolo numero intero, multiplo sia di 8 sia di 9, che si scrive utilizzando unicamente le cifre 8 e 9, ciascuna almeno una volta?

(Dalla Gara a squadre Kangourou di Modena e Reggio Emilia 2012)

84) SOLO 4 E 9. Quante cifre ha il più piccolo numero intero, multiplo sia di 4 sia di 9, che si scrive utilizzando unicamente le cifre 4 e 9, ciascuna almeno una volta?

(Dalla Coppa Ruffini junior di Modena e Reggio Emilia 2010)

85) PAGINE E PAGINE DI STUDIO. Segnatura apre il libro di arti magiche ad una pagina a caso (compresa tra 200 e 300) e, presa da una bizzarra ispirazione, somma i numeri di pagina di 9 pagine consecutive a partire da quella, nessuno dei quali finisce per 8. Segnatura nota che il totale è divisibile per 7. Quanto vale la somma che ha calcolato?

[Se secondo voi c'è più di una risposta possibile, indicate 0000].
(Dalla Coppa Hilbert Under-15 di Parma 2008)

86) MARCO STA ANCORA SCRIVENDO? Marco ha iniziato a scrivere la sequenza di numeri

$$7, 36, 65, 94, \ldots$$

dove ognuno, dal secondo in poi, è il precedente aumentato di 29. Marco intende fermarsi non appena avrà scritto un numero le cui cifre siano tutte uguali a nove. Riuscirà Marco a fermarsi e, in caso affermativo, quanti numeri avrà scritto quando si sarà fermato? (Scrivete 0000 se non riuscirà a fermarsi.)

(Dalla finale nazionale della Coppa a squadre Kangourou 2009)

87) LA FAMIGLIA DI SEGNATURA. Poco o nulla si sa della famiglia di Segnatura, ma Numeruto, che ha una cotta per lei, una volta è andato a conoscere sua madre per cercare di ingraziarsela e scoprire qualcosa della bella mateninja. La mamma di Segnatura però si è rivelata un personaggio dispettoso

e un po' fissato (strano, conoscendo la figlia!) e l'unica informazione che ha ottenuto è stata che il prodotto delle età dei suoi figli (in anni) vale 1664 e il minore ha la metà degli anni del maggiore. Qual è la somma delle età dei figli?

(Dalla Coppa Hilbert Under-15 di Parma 2008)

88) UN MATENINJA DEL PASSATO. I mateninja più piccoli, detti Piccin, devono studiare anche la storia delle arti mateninja. Il piccolo Kohordinato è alle prese con un rotolo di pergamena che racconta la biografia del celebre matematico Niccolò Tartaglia (la leggenda vuole che anch'egli fosse un ninja). Il rotolo non è però molto diretto sulla sua data di morte. Dice infatti: "Morì nel XVI secolo; la somma delle cifre dell'anno è 18 e la cifra delle unità supera di 2 quella delle decine". In che anno morì Tartaglia?

(Dalla Coppa Hilbert Under-15 di Parma 2008)

89) I SASSI DI ALBERTO. In vacanza il tempo vola e spesso…si smarrisce la cognizione del tempo! Alberto è andato in montagna e tutti i giorni è riuscito a fare una passeggiata. Durante ciascuna passeggiata ha raccolto dei sassolini trovati lungo il sentiero: nella prima passeggiata ne ha raccolto uno solo, nella seconda due, nella terza tre, dalla quarta in poi sempre quattro, fino alla terz'ultima dove ne ha raccolti solo 3, nella penultima solo 2 e infine nell'ultima passeggiata solo 1 sassolino. Se al termine della vacanza Alberto torna a casa con 52 sassolini, stabilite quanti giorni è durata in tutto la sua vacanza.

(Dalla Coppa Pitagora del Festival della Scienza di Genova 2014)

90) ALLENATORI POKEMATH. Esch Erbach è un giovane allenatore di pokemath e insieme all'allevatore di pokemath Fract e all'allenatrice Mistery intraprende un viaggio per diventare il campione della Lega pokemath. Se Esch ha un terzo degli anni di Fract e se insieme hanno 36 anni, quanti anni ha Esch?

(Dalla Coppa Hilbert Under-15 di Parma 2010)

91) L'AUTO CHE CONSUMA DI PIÙ. Una casa automobilistica produce 10 diversi tipi di automobili a benzina. Il primo modello, quello più ecologico, è quello che consuma meno. Rispetto al modello più ecologico, il secondo modello consuma il doppio, il terzo consuma il triplo, … e così via fino al decimo modello che consuma dieci volte di più. Se per compiere uno stesso percorso usando un'auto per ogni tipo, sono stati consumati complessivamente 429 litri di benzina, quanti litri di benzina ha consumato l'auto che consuma di più?

(Dalla Gara a squadre Kangourou di Modena e Reggio Emilia 2012)

92) È PRIMAVERA! Anna ha comprato 40 bulbi di tulipano da piantare nei vasi del suo balcone: due vasi grandi e tre piccoli. Inizia col mettere lo stesso numero di bulbi nei cinque vasi e poi, in ciascuno di quelli grandi, ne mette 10 in più. Quanti bulbi di tulipano Anna ha piantato in ciascun vaso piccolo?
(Dal Rally Matematico Transalpino 2014)

93) COLLABORARE. La collaborazione è sempre importante, anche in fatto di tempo... In una gara a squadre 4 concorrenti si dividono alcuni quesiti. Il secondo concorrente impiega, per risolvere il suo, il doppio del tempo usato dal primo concorrente. Il terzo invece impiega quanto il primo, mentre il quarto impiega lo stesso tempo del secondo. Se la somma dei tempi di tutti i concorrenti è di 90 minuti, quanto ha impiegato il primo concorrente a risolvere il suo quesito? Date la risposta in minuti.
(Dalla Coppa Pitagora del Festival della Scienza di Genova 2014)

94) LA PINETA. Aldo possiede una bella casetta circondata da un piccolo bosco di pini neri, che purtroppo sono diventati secchi, causa una grave malattia. Decide di tagliarli con la motosega e dice al suo amico Luigi che riuscirà a completare il lavoro in 6 ore. Luigi, che possiede una motosega più efficiente e potente afferma che lui finirebbe il lavoro in 4 ore.
Se lavorassero assieme quanto tempo impiegherebbero per tagliare i pini malati?
[Dare la risposta in minuti]
(Dal Rally Matematico Transalpino 2003)

95) LE FRECCE DI CAL. La battaglia contro le truppe del Generale dell'Oscurantismo si fa dura e Cal si difende utilizzando l'unica arma di difesa in suo possesso: l'arco donatogli dal padre Isaac. Nella quarta battaglia Cal ha scagliato 10 frecce in meno che nella terza battaglia, nella terza ha usato il doppio delle frecce della seconda e nella prima battaglia ha usato 15 frecce, 3 in meno della seconda. Quante frecce ha usato Cal in tutto?
(Dalla seconda Coppa Immacolatine di Genova 2014)

96) DOLCETTI PER TUTTI. Prima di partire per il lungo viaggio da Segmentopoli a Triangolopoli, Fract prepara un certo numero di dolcetti per pokemath. Durante la prima sosta, dopo mezza giornata di cammino, i pokemath di Esch, Mistery e Fract mangiano un terzo dei dolcetti preparati. Dopo qualche altra ora di cammino, il gruppo effettua un'altra sosta e i pokemath si rifocillano mangiando un terzo dei dolcetti avanzati dalla sosta precedente. Quando giunge la sera, gli allenatori decidono di accamparsi e i pokemath mangiano un terzo dei dolcetti rimasti, lasciando cos`ı 8 dolcetti. Quanti dolcetti sono stati preparati all'inizio del viaggio?
(Dalla Coppa Hilbert Under-15 di Parma 2010)

97) LA VINCITA AL LOTTO. Tre amici hanno vinto una somma al lotto e decidono di suddividerla nel modo seguente: Andrea ne prende un terzo, aumentato di 200 euro; Bernardo un terzo di quello che resta, aumentato di 200 euro; Claudio il rimanente. La cifra che prende Claudio è esattamente un terzo del rimanente, aumentato di 200 euro. Qual è il valore iniziale (in euro) della vincita?
(Dalla Coppa Hilbert Under-15 di Parma 2012)

98) LASCIA O TRIPLICA. Per la sua festa di compleanno, Luisa ha organizzato un gioco di domande e risposte, "Lascia o triplica" e ad ogni partita, i giocatori scommettono un certo numero di gettoni e rispondono ad una domanda.
Le regole del gioco sono le seguenti:
 - Se il giocatore dà la risposta corretta alla domanda, vince e riceve il triplo del numero dei gettoni che ha deciso di mettere in gioco.
 - Se il giocatore dà la risposta errata, perde tutti i gettoni che aveva messo in gioco.

Paolo decide di giocare a "Lascia o triplica": metterà in gioco tutti i suoi gettoni e se vincerà darà ogni volta 12 gettoni al suo fratellino Pietro per costituire una riserva e poi rigiocherà una nuova partita con tutti i gettoni che gli restano.
Paolo gioca e vince le sue prime tre partite. Dopo la sua terza partita, ha dato in tutto 36 gettoni a Pietro e gliene restano 87 per la quarta partita.
Quanti gettoni aveva Paolo prima di cominciare a giocare a "Lascia o triplica?
(Dalla finale del Rally Matematico Transalpino 2014)

99) IL PASSATEMPO DELLE GUARDIE. Le reclute del Team Bracket sono solite fare un gioco per passare il tempo durante i lunghi turni di guardia. Scrivono un numero sulla lavagna, poi lanciano una moneta: se esce testa cancellano il numero e scrivono al suo posto il suo doppio, se esce croce sostituiscono il numero con quello che si ottiene moltiplicandolo per 3/2. Se all'inizio sulla lavagna c'era il numero uno e dopo aver ripetuto questo procedimento per alcune volte sulla lavagna c'è scritto 1944, quante volte è stata lanciata la moneta?
(Dalla Coppa Hilbert Under-15 di Parma 2010)

TESTI DEI NUOVI 21 PROBLEMI

ALTRI PROBLEMI?!? Ebbene sì, se i primi 99 non vi sono bastati, oppure se li avevate tutti precedentemente risolti perché già in possesso del volume unico di "Matematica a Squadre" (con 366 e più problemi), eccovi allora 21 problemi tutti nuovi, tratti da alcune delle più recenti gare a squadre che si sono svolte in questi ultimi anni. Per la cronaca: le gare sono aumentate, molte si copiano tra loro o propongono addirittura gli stessi testi in quanto si svolgono contemporaneamente in più città (si vedano le gare locali di Coppa Kangourou). Non me ne abbiano i concorrenti delle città che non sono state menzionate e che ritroveranno magari un problema che hanno affrontato (e che magari li ha fatti perdere... o vincere!) sotto le insegne di un'altra località.

Bando ai convenevoli, e sotto con questa batteria, menti aritmetiche!

1) DIVISIONI. Quanto vale 2016 : 2017 − 2016002016 : 2017002017 ?
   (Dal Piccolo Trofeo Da Vinci di Treviso 2016)

2) IL RESTO. Trovate il resto nella divisione per 9 di
   122.333.444.455.555.666.666.777.777.788.888.888.999.999.999.
   (Dalla finale nazionale della Coppa a squadre Kangourou 2017)

3) **CIFRE DECIMALI.** Adriano ha deciso di scrivere sotto forma di numero decimale la frazione $\frac{37}{73}$. Inizia pazientemente a scrivere $\frac{37}{73} = 0,506\ldots$ e va avanti per un bel po'. Indicare le cifre che occuperanno rispettivamente (in questo ordine) l'undicesima, la centounesima e la milleunesima posizione dopo la virgola.

(Dai Giochi di Tullio – Gara a squadre di Roma – 2016)

4) **I CALCOLI DI ELENA.** Ad Elena piacciono molto i calcoli. Ma non sa proprio come fare per trovare il risultato di
$$(12^{20} \cdot 14^{49} \cdot 18^{15} \cdot 21^{53}) : 42^{101}.$$
Quando sta per arrendersi, le viene in mente di essere brava a scomporre i numeri, e così riesce rapidamente a concludere il calcolo. Qual è il risultato?

(Dai Giochi di Tullio – Gara a squadre di Roma – 2016)

5) **SPECIALE.** Chiamiamo numero speciale un numero intero (positivo) di quattro cifre (significative) tale che il prodotto delle prime due cifre sia uguale alla somma delle ultime due. Ad esempio 2351 è un numero speciale ($2 \cdot 3 = 5 + 1$); un altro numero speciale è 5387. Qual è il più piccolo numero speciale?

(Dalla finale nazionale della Coppa a squadre Kangourou 2017)

6) **IL FILO DI ARIANNA.** Arianna ha un filo di lana sul quale ha segnato tre tacche A, B e C. La lunghezza del tratto di filo AB è un quindicesimo della lunghezza totale del filo; quella del tratto AC è un sesto della lunghezza totale del filo. Se fissa il filo a un tronco d'albero e gira intorno ad esso, con il tratto AB compie esattamente due giri. Quanti giri potrà effettuare intorno allo stesso tronco con il tratto BC?

(Dalla Coppa Marconi junior - Gara a squadre Kangourou di Parma - 2017)

7) **A SAMO: LA PESTE!** Samo è l'isola greca dove è nato Pitagora. Purtroppo la peste ha colpito diversi degli abitanti di quest'isola! A Samo, prima dello scoppio dell'epidemia, il numero delle donne era di 400 in più rispetto al numero di uomini. L'epidemia ha colpito esattamente metà degli uomini e metà delle donne. Le persone sane sono 1400. Quante sono le donne ammalate?

(Dalla Coppa Pitagora del Festival della Scienza di Genova 2016)

8) **A TIRO: APPROVVIGIONAMENTI.** Mnesarco, il padre di Pitagora, è un mercante proveniente da Tiro che porta spesso il grano a Samo e in altre isole colpite dalla carestia (oltre che dalla peste!). Normalmente Mnesarco porta un quantitativo di grano sufficiente a 120 persone le quali in media ne consumano 180 grammi a testa al giorno. In questo periodo di carestia, tuttavia, le persone che si affidano agli approvvigionamenti di Mnesarco sono salite a 160, ma la razione giornaliera viene ridotta a 150 grammi a testa. Prima le provviste duravano 90 giorni, quanto durano ora con la carestia?
(Dalla Coppa Pitagora del Festival della Scienza di Genova 2016)

9) **A CRETA: IL LABIRINTO.** La moglie di Pitagora viene da Creta, la famosa isola dove Minosse fece costruire un grande palazzo, con così tante stanze da apparire come un labirinto! Il numero delle stanze del palazzo di Minosse è il più grande numero intero minore di 100 che si ottiene utilizzando una e una sola volta tutte le cifre 1, 2, 3, 4, 5 e 6 e la sola addizione. «Se faccio 12 + 34 + 5 + 6 va bene?» domanda un discepolo di Pitagora. «Certo che va bene, ma ottieni solo 57, mentre le stanze sono di più!» Quante stanze ha il palazzo di Minosse nell'isola di Creta?
(Dalla Coppa Pitagora del Festival della Scienza di Genova 2016)

10) **VIA DELLA REPUBBLICA.** Lorenzo e Matteo sono amici ed abitano entrambi in Via della Repubblica. Un giorno notano che i numeri civici delle loro abitazioni presentano alcune particolarità:
    - sono numeri a due cifre differenti, ma si scrivono con le stesse cifre;
    - la differenza dei due numeri è 18;
    - la somma dei due numeri è un multiplo di 6;
    - il prodotto dei due numeri è un multiplo di 8.

    Quali sono i numeri civici delle abitazioni di Lorenzo e di Matteo?
    [Dare come soluzione i due numeri civici, scritti di seguito, il più piccolo seguito dal più grande]
    (Dal Rally Matematico Transalpino 2015)

11) **LA STAMPANTE DIFETTOSA.** Una stampante è difettosa: quando viene impostato un dato numero di copie e si lancia la stampa, rovina sempre la prima copia, poi stampa 14 copie correttamente, quindi rovina la copia successiva, poi ne stampa altre 14 correttamente e così via alternando una copia rovinata a 14 copie stampate correttamente. Lo stampatore, che conosce il difetto, deve fornire a un cliente 2500 copie in perfetto stato. Qual è il numero minimo di copie che dovrà impostare sulla stampante?
(Dal Piccolo Trofeo Da Vinci di Treviso 2016)

12) **RESTO MASSIMO.** Un numero di due cifre è diviso per la somma delle sue cifre. Qual è il massimo valore possibile per il resto?
(Dalla Gara a squadre Kangourou di Genova 2017)

13) **IN CANTINA.** Alberto, il cantiniere, ha imbottigliato tutto il suo vino. Ora deve mettere le bottiglie nelle scatole per trasportarle. Ha due tipi di scatole, grandi e piccole. Per inscatolare tutte le bottiglie, calcola che gli serviranno esattamente 36 scatole grandi. Ma egli dispone solo di 12 scatole grandi. Ricomincia i suoi calcoli e si rende conto che tutte le bottiglie riempirebbero le sue 12 scatole grandi e 45 scatole piccole. Ma egli dispone solo di 42 scatole piccole. Alberto riempie tutte le scatole di cui dispone, ma restano fuori 24 bottiglie. Quante bottiglie ha riempito Alberto con tutto il suo vino?
(Dal Rally Matematico Transalpino 2015)

14) **FERMAT.** Consideriamo i numeri interi positivi minori di 1000. Vorrei sapere qual è il massimo numero di fattori maggiori di 1 e tutti uguali tra loro che si può usare per ottenere uno di questi numeri.
(Dalla Coppa Pitagora del Festival della Scienza di Genova 2017)

15) **GAUSS.** Scrivo il numero 5. Ad esso sommo il numero 2 e scrivo il risultato. Al risultato sommo nuovamente 2 e scrivo il risultato. E così via. Fino a scrivere, compreso il numero 5 di partenza, in tutto 50 numeri. Quanto vale la somma di questi 50 numeri?
(Dalla Coppa Pitagora del Festival della Scienza di Genova 2017)

16) **IL MASSIMO MCD.** Il prodotto di due numeri naturali è 45000. Quale può essere, al massimo, il loro Massimo Comune Divisore?
(Dai Giochi di Tullio – Gara a squadre di Roma – 2016)

17) **MCD e MCM.** Il massimo comune divisore di due numeri interi positivi è 6 e il minimo comune multiplo è 168. Quale è il minimo valore possibile per la somma dei due numeri?
(Dal Piccolo Trofeo Da Vinci di Treviso 2016)

18) APPARENZA. Adriano sfida Massimo dicendogli: "Tu che sei bravissimo in matematica dimmi velocemente qual è il risultato del calcolo che ti propongo: il quinto del quintuplo del 10% in più del 10% in meno della metà del doppio di 100".

(Dalla gara a squadre per le terze medie "Matematica senza frontiere" junior 2017)

19) SALDI. Una settimana fa, un negozio di abbigliamento ha ribassato il prezzo di un certo tipo di camicia a 40 euro. Ieri ha lanciato un'offerta speciale: 84 euro per tre camicie dello stesso tipo. A quel punto la mamma ha comprato tre camicie e si è resa conto che, così facendo, ha risparmiato il triplo di quanto avrebbe risparmiato comprando le camicie dopo il primo ribasso. Quale era il prezzo iniziale, in euro, della singola camicia?

(Dal Piccolo Trofeo Da Vinci di Treviso 2016)

20) L'ETÀ DI CIRO. Nella villetta vicina alla mia vivono quattro generazioni di una stessa famiglia: il più giovane, suo padre, suo nonno e il suo bisnonno sono tutti figli unici e nessuno è centenario. I loro nomi, non in ordine di età, sono Angelo, Bruno, Ciro e Dino. Il prodotto delle età di Angelo e Bruno è 1992. La differenza di età tra Ciro e Bruno è un divisore di 1992. Infine, quando è diventato padre, Ciro aveva un anno meno di quando lo è diventato Dino. Quanti anni ha Ciro?

(Dalla Gara a squadre Kangourou di Genova 2017)

21) IL NUMERO DEL DIRETTORE. Nella Banca Koala ogni cassaforte possiede un codice che è un numero di cinque cifre non nulle la cui somma è sempre 10. Ogni impiegato è responsabile di una cassaforte: per accedervi deve battere, oltre al numero di codice, un numero di controllo che è il prodotto delle cifre del suo numero di codice. Il direttore della Banca per accedere alla sala delle casseforti deve battere un numero che è la somma di tutti i numeri di controllo di tutte le casseforti della Banca. Sapendo che nella Banca Koala tutti i numeri di codice possibili sono utilizzati, quale numero deve battere il direttore per accedere alla sala delle casseforti?

(Dalla Gara a squadre Kangourou di Genova 2017)

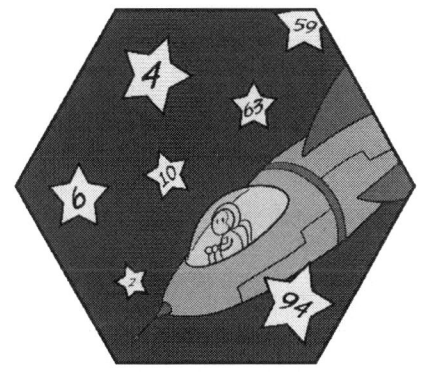

SOLUZIONI SOLO NUMERICHE

Non mi scoraggio perché ogni tentativo sbagliato scartato è un altro passo avanti.
Thomas Alva Edison

Solitamente nelle gare matematiche a squadre la soluzione è un numero composto da 4 cifre, se ve ne sono meno, allora si devono aggiungere degli zeri. Ad esempio se la soluzione è 543 occorre scrivere 0543, se la soluzione è 7 occorre scrivere 0007.

PRIMI 99

1	0100	17	0004	33	2013	49	4096
2	0036	18	9132	34	1003	50	0075
3	0004	19	0005	35	0005	51	0055
4	0011	20	0024	36	0014	52	0040
5	0264	21	6500	37	0009	53	0400
6	0081	22	0003	38	1729	54	0105
7	0098	23	0500	39	0498	55	0025
8	6750	24	0023	40	0198	56	0020
9	0025	25	2347	41	2557	57	0036
10	0004	26	0055	42	0104	58	0020
11	0035	27	0083	43	4950	59	7719
12	0480	28	0022	44	3471	60	1575
13	0026	29	0008	45	0256	61	0252
14	8853	30	1007	46	0007	62	0229
15	2556	31	0503	47	3201	63	8898
16	0941	32	0337	48	2008	64	1730

65	0198	74	0209	83	0010	92	0004
66	2521	75	0001	84	0010	93	0015
67	0034	76	3003	85	2457	94	0144
68	0020	77	0018	86	3449	95	0095
69	0660	78	0018	87	0037	96	0027
70	1973	79	0542	88	1557	97	1425
71	1023	80	0031	89	0016	98	0009
72	7641	81	0061	90	0009	99	0013
73	4578	82	0004	91	0078		

NUOVI 21

1	0000	6	0003	11	2679	16	0150
2	0006	7	0800	12	0015	17	0066
3	0645	8	0081	13	0540	18	0099
4	0504	9	0093	14	0009	19	0046
5	1000	10	2442	15	2700	20	0059
						21	2002

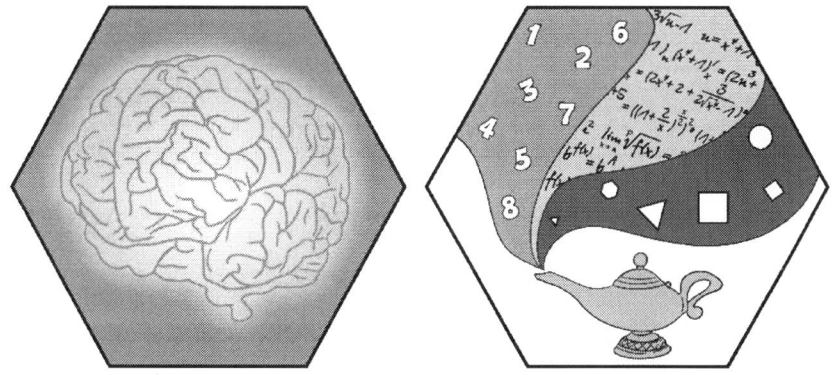

SOLUZIONI PIÙ DETTAGLIATE

Manca di mentalità matematica tanto chi non sa riconoscere rapidamente ciò che è evidente, quanto chi si attarda nei calcoli con una precisione superiore alla necessità.

Carl Friedrich Gauss

PRIMI 99

1) I VOLUMI DI STORIA. Un disegno può aiutare a comprendere immediatamente la situazione descritta dal problema:

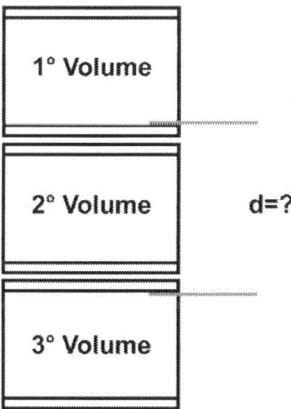

La distanza richiesta comprende dunque 4 copertine e un intero libro, dunque è pari a:
$$d = 5 + 5 + 80 + 5 + 5 = 100 \text{ mm}.$$

2) L'ESPERIMENTO. È sufficiente fare una serie di operazioni elementari seguendo passo-passo le indicazioni del testo:
$$t_1 = 90 - 90 : 3 = 60 \text{ minuti};$$
$$t_2 = 60 - 60 : 4 = 45 \text{ minuti};$$
$$t_3 = 45 - 45 \cdot 20 : 100 = 36 \text{ minuti}.$$

3) SVALUTAZIONE. È sufficiente fare un paio di semplici conti con le frazioni:
$$C_1 = 10000 - \frac{1}{3}10000 \approx 6667 \text{ euro};$$
$$C_2 = 6667 - \frac{1}{3}6667 \approx 4445;$$
$$C_3 = 4445 - \frac{1}{3}4445 \approx 2963;$$
$$C_4 = 2963 - \frac{1}{3}2963 \approx 1975;$$
Al quarto anno il valore dell'auto è sceso sotto i 2000 euro. 4 è dunque la soluzione da dare.

4) L'ALBUM DELLE FOTOGRAFIE. Un ragionamento che non faccia uso di equazioni può essere il seguente: tutti i fogli devono avere almeno due foto. Dunque dal totale delle foto si può togliere il numero delle pagine moltiplicato per le due foto che ci sono sicuramente su ogni foglio:
$$80 - 29 \cdot 2 = 22.$$
Queste sono le foto rimanenti che devono essere messe nelle pagine da 4 foto. Siccome per ogni pagina abbiamo già conteggiato 2 foto, significa che di queste 22 foto ne vanno aggiunte 2 per pagina, dunque le pagine da 4 foto risultano essere
$$22 : 2 = 11.$$

Soluzioni alternative: il problema si può risolvere anche compilando una tabella con la lista dei tentativi progressivi, oppure impostando e risolvendo l'equazione
$$4x + 2(29 - x) = 80.$$

5) NOTE MUSICALI. Se un LA è 5/3 di un DO, allora un DO è 3/5 del LA. Dunque è sufficiente calcolare il 3/5 di 440:
$$440 : 5 \cdot 3 = 264.$$

6) LE CASTAGNE DI CARLO. Stando attenti a non dimenticare le castagne rimaste fuori dai cesti, l'espressione che porta alla soluzione del problema è la seguente:
$$18 + 18 + 18 \cdot 2 + 18 : 2 = 81 \text{ kg}.$$

7) LA PENSIONE PER GATTI. Partendo dal dato sulle orecchie (ogni gatto ha 2 orecchie) si ricava il numero totale di gatti:
$$N = 224 : 2 = 112 \text{ gatti}.$$
Al totale si sottrae banalmente il numero di code e rimane il numero di gatti autoctoni di Man:
$$N' = 112 - 14 = 98 \text{ gatti}.$$

8) ASSEDIO. I 70 dispositivi presenti hanno tutti almeno 2 ruote, quindi se fossero tutti bighe e torri si avrebbero $70 \cdot 2 = 140$ ruote. La differenza tra le ruote totali e queste 140 ruote ci dà dunque le ruote dei carri da guerra. Per avere il numero dei carri è quindi sufficiente dividere per due:
$$N_{carri} = (230 - 140) : 2 = 45.$$
Ciò significa automaticamente che:
$$N_{bighe+torri} = 70 - 45 = 25.$$
Sappiamo ora che le bighe sono i due terzi delle torri: dividiamo 25 in 5 parti: 2 parti sono le bighe, 3 parti sono le torri:
$$N_{bighe} = 25 : 5 \cdot 2 = 10.$$
$$N_{torri} = 25 : 5 \cdot 3 = 15.$$
(*Nota:* per quest'ultima parte del problema si poteva procedere anche a tentativi oppure algebricamente.)
La soluzione da dare è quindi:
$$10 \cdot 15 \cdot 45 = 6750.$$

9) I PALLONI AREOSTATICI. Dato che un solo pallone aerostatico solleva il canestro con dentro al massimo 130 kg di materiale, e due palloni insieme sollevano il canestro con dentro al massimo 285 kg di materiale, ogni pallone aerostatico è in grado di sollevare al massimo un carico di
$$285 - 130 = 155 \text{ kg}.$$
Pertanto il canestro pesa
$$155 - 130 = 25 \text{ kg}.$$

10) I SIGARI DI CIOCCOLATO. Una osservazione inziale: dopo gli scambi la situazione è la seguente: Massimo ha 25 sigari, 13 grandi e 12 piccoli; anche Andrea ha 25 sigari, 12 grandi e 13 piccoli. Gli scambi però non sono equi in valore (euro). Per comprendere quanti sigari piccoli rendono equo lo scambio si può calcolare (dividendo per 25) il prezzo unitario dei cioccolati (1,60 € i grandi e 1,20 € i piccoli) e dedurre il valore delle nuove scatole:

per quella di Massimo: 13 · 1,60 + 12 · 1,20 = 35,20 €;

per quella di Andrea: 12 · 1,60 + 13 · 1,20 = 34,80 €.

Quest'ultimo, la cui scatola iniziale costava 30 €, deve dunque 4,80 € a Massimo, somma che rappresenta 4 sigari piccoli.

Soluzione alternativa: Si può anche considerare la differenza tra il valore della scatola di Massimo e quella di Andrea, che è, in effetti, dodici volte la differenza tra il prezzo di un sigaro grande ed uno piccolo: 1,60 - 1,20 = 0,40. Un sigaro grande vale 0,40 euro di più di uno piccolo. Dunque Andrea deve 12 · 0,40 = 4,80 euro a Massimo, ossia 4 sigari piccoli.

Seconda soluzione alternativa: calcolare la differenza dopo lo scambio direttamente in "sigari grandi" o in "piccoli", senza determinare il loro valore in euro: dal rapporto 30/40 si può dedurre che uno "piccolo" vale i ¾ di uno "grande" o che 3 "grandi" valgono 4 "piccoli", ecc. Dunque 12 "grandi" valgono 16 "piccoli" e pertanto servono 4 sigari piccoli in più a rendere equo lo scambio.

Terza soluzione alternativa: calcolare a quanti sigari piccoli corrisponde una certa quantità n di sigari grandi attraverso i prezzi unitari:

Prezzo unitario sigari grandi: $P_G = \frac{40}{25}$.

Prezzo unitario sigari piccoli: $P_p = \frac{30}{25}$.

N° di piccoli che corrispondono a n grandi = $n \cdot P_G : P_p$.

In questo caso $n = 12$. Dunque:

$$N = 12 \cdot \frac{40}{25} : \frac{30}{25} = 12 \cdot \frac{40}{25} \cdot \frac{25}{30} = 16 \text{ sigari.}$$

Pertanto occorrono 16 - 12 = 4 sigari piccoli in più per rendere equo lo scambio.

11) LE AMPOLLE. Il problema si può risolvere con varie tecniche. Senza impelagarsi in conti e sistemi di equazioni, si può ragionare in questo modo: dalla somma delle ultime 3 (310) togliamo il valore dell'ultima ampolla (150) e rimane così la somma della terza e della quarta ampolla (160). Se dalla somma delle tre ampolle centrali (200) togliamo ora il valore della somma della terza e della quarta ampolla (160) resta solo la seconda ampolla (40). Conoscendo ora la somma delle prime tre ampolle (90) si possono sottrarre i valori della prima (15) e della seconda (40) e ottenere così il valore dell'ampolla centrale cercata (35).

La soluzione da dare è dunque 35.

12) **BANDIERE AL VENTO.** I 60 cm di asta corrispondono alla differenza tra la bandiera piantata per un terzo e la bandiera piantata per un quarto, ossia:
$$\frac{1}{3} - \frac{1}{4} = \frac{1}{12} = 60 \text{ cm}.$$
Da questo dato si può immediatamente ricavare l'intera lunghezza della bandiera, pari a:
$$L = 60 \cdot 12 = 720 \text{ cm}.$$
Quando la bandiera è piantata nella sabbia l'asta è immersa per un terzo, dunque la parte d'asta che emerge dal suolo è pari ai 2/3 della lunghezza totale, ossia:
$$720 : 3 \cdot 2 = 480 \text{ cm}.$$

13) **RISTRUTTURAZIONE.** Calcoliamo quanto fa ciascuno dei due imbianchini all'ora:
    - 1/3 di aula all'ora per Piero;
    - 1/6 di aula all'ora per il figlio.

    Quindi, lavorando assieme, in un'ora fanno:
$$\frac{1}{3} + \frac{1}{6} = \frac{1}{2} \text{ di aula.}$$
    Avendo 13 aule da imbiancare, impiegano un tempo pari a:
$$13 : \frac{1}{2} = 26 \text{ ore.}$$

14) **UNA DIFFERENZA DI INTERI.** Seguendo alla lettera il testo occorre eseguire la seguente sottrazione:
$$9876 - 1023 = 8853.$$

15) **LE NOVE CARTE.** Occorre massimizzare le cifre che occupano la posizione delle centinaia e minimizzare quelle delle unità. Dunque le carte scelte per le centinaia sono quelle con le cifre 9, 8, 7; quelle delle decine sono 6, 5, 4; quelle delle unità 1, 2, 3. Non ha importanza sapere, almeno in questo problema, quali numeri sono stati formati, né quanti possibili numeri si possono formare (problema d conteggio), interessa solo la loro somma. Essa banalmente vale 2556.

16) **SEI CIFRE PER DUE NUMERI.** Occorre andare a logica e tentativi. *A logica:* il più grande dei due numeri deve iniziare per 9 e l'altro per 8. Le cifre delle decine devono allora essere 7 e 4, e quelle delle unità 3 e 1. Qualsiasi siano le scelte con questi vincoli, la somma dei due numeri non cambia. *A tentativi:* occorre ora trovare la combinazione che massimizzi il prodotto dei due numeri. Ne bastano pochi per trovare che i prodotti sono massimi coi numeri 941 e 873. La soluzione da dare è dunque 941.

17) I VIDEOLOG. Un possibile ragionamento è il seguente:
ai dati di partenza (25B, 28R, 20N; Totale 36) sottraiamo le 5 registrazioni con 3 etichette. Restano 20B, 23R, 15N e 31 totali.
La somma delle etichette bianche, rosse e nere dà:
$$20 + 23 + 15 = 58,$$
da distribuire su 31 registrazioni. Se tutte le registrazioni avessero due etichette avremmo
$$31 \cdot 2 = 62 \text{ registrazioni},$$
ma le etichette a disposizione sono solo 58. La differenza dà le registrazioni con una sola etichetta:
$$62 - 58 = 4.$$

18) PRIMA DI MARTINA. Per risolvere il problema occorre ricordare che sono bisestili tutti gli anni espressi da un numero multiplo di 4 che non sia anche multiplo di 100 o che sia multiplo di 400, ad esempio l'anno 1000 non è bisestile, il 2000 invece lo è.
Ciò premesso, contiamo il numero di notti: da mezzogiorno del 9 maggio di qualunque anno a mezzogiorno del 9 maggio dell'anno successivo vi sono 365 notti se l'anno successivo non è bisestile, 366 se lo è. Tra il 9 maggio 1983 e il 9 maggio 2008 sono trascorsi 25 anni, di cui 7 bisestili (incluso il 2008, che influisce sul conteggio in quanto il 29 febbraio precede il 9 maggio). In totale dunque le notti sono:
$$365 \cdot (2008 - 1983) + 7 = 9132.$$

19) LA VINCITA IN NUMERONI. Occorre prestare attenzione al modo in cui sono pagati i vari quesiti: si raddoppia sempre la vincita precedente e solo alla fine si sommano tutte le vincite. Dunque se al primo quesito fosse assegnata una vincita pari ad 1 (oppure a x) allora al secondo quesito si vince 2 (o $2x$), al terzo 4, quindi 8, e così via raddoppiando sempre. La vincita totale è dunque pari a:
$$1 + 2 + 4 + 8 + 16 + 32 + 64 + 128 + 256 + 512 = 1023.$$
Questa vincita corrisponde a 5115 numeroni, dunque per sapere il valore del primo quesito è sufficiente operare una divisione:
$$5115 : 1023 = 5.$$

Soluzione alternativa: algebricamente (utilizzando le x) si trova la seguente (immediata) equazione: $1023x = 5115$, che porta esattamente allo stesso risultato.

20) IN PALESTRA. Il problema può essere risolto con diverse tecniche. Oltre a quella per tentativi (sempre e comunque lecita), si può utilizzare la tecnica di procedere passo-passo costruendo una tabella progressiva. Ad esempio in questo modo:

N presenze	1	2	3	4	...	20	21	22	23	**24**	25	26
Spesa di A (€)	14,5	17	19,5	22	...	62	64,5	67	69,5	**72**	74,5	77
Spesa di R (€)	3	6	9	12	...	60	63	66	69	**72**	75	78

Dunque le due amiche raggiungono la stessa spesa dopo esattamente 24 ingressi.

Soluzione alternativa: ci si può rendere conto che, per ogni presenza, Rosanna paga 0,50 euro in più rispetto ad Angela, la quale, però, ha già pagato inizialmente 12 euro. Quindi le due amiche pagheranno la stessa somma quando 0,50 euro per il numero delle presenze sarà proprio 12 euro, cioè dopo 24 presenze (12 : 0,50).

Soluzione algebrica: Indicando con x il numero di presenze secondo le quali si ha la stessa spesa si può impostare un'equazione di primo grado:
$$12 + 2,50x = 3,00x.$$
L'equazione ha come soluzione $x = 24$ presenze.

21) CONSEGNE A DOMICILIO. Il problema si può risolvere costruendo una tabella:

Spazio (m)	250	500	750	1000	1250	1500	1750	...
Costo R	2,75	2,90	3,05	3,20	3,35	3,50	3,65	...
Costo Q	4,00	4,10	4,20	4,30	4,40	4,50	4,60	...
$\Delta = Q - R$	1,25	1,20	1,15	...	...	...	...	...

La tabella può essere completata per intero fino a trovare lo spazio per cui i due costi sono uguali ($\Delta=0$), ma si può anche osservare da essa (risparmiando così molto tempo e molta fatica!) che la differenza Δ tra i due costi si riduce ad ogni passo di 0,05.
Quindi partendo da una differenza iniziale di 1,25 occorrono esattamente
$$1,25 : 0,05 = 25 \text{ passi}$$
per estinguere questa differenza (ossia avere $\Delta=0$).

Pertanto servono:
$$25 \cdot 250 = 6250 \text{ metri}.$$
A questo spazio va sommato lo spazio iniziale, dunque la distanza cercata vale:
$$S = 6250 + 250 = 6500 \text{ m}.$$

Soluzione algebrica: I costi R e S in funzione dei quarti di chilometro percorsi x (o numero di "step" o passi) sono dati da:
$$R = x \cdot 0{,}15 + 2{,}75;$$
$$S = x \cdot 0{,}10 + 4{,}00.$$
Imponendo $R = S$ si ottiene una semplice equazione di primo grado che porta come soluzione:
$$0{,}005\, x = 1{,}25 \rightarrow x = 25.$$
Siccome la x rappresenta un quarto di chilometro, va moltiplicata per 4 e quindi convertita in metri (oppure, come fatto nella soluzione aritmetica, moltiplicata direttamente per 250). Sommando anche lo spazio iniziale si ottiene esattamente la distanza cercata, pari a 6500 m.

22) **TRENI GIAPPONESI.** Innanzitutto si può osservare che i dati relativi agli orari di partenza, combinati con quelli delle frequenze, servono a capire lo sfasamento delle partenze dei due tipi di treno:
- I Rapidi partono ai '10, '20, '50.
- I Diretti partono ai '15, '35, '55.

Si può quindi procedere a ritroso con gli orari a partire dal Rapido preso e guardando quali diretti sono stati superati:

Tipologia	Partenza	Arrivo	Note
Rapido	10.10	13.10	Treno preso
Diretto	9.55	14.05	OK, superato
Diretto	9.35	13.45	OK, superato
Diretto	9.15	13.25	OK, superato
Diretto	8.55	13.05	NON superato

I diretti superati con il Rapido delle 10.10 sono stati dunque in tutto 3.

23) **LA LUMACA.** Si può utilizzare la tecnica di costruire una tabella per vedere passo-passo il procedere delle due lumache:

Tempo	19.45	20.00	20.15	20.30	20.45	21.00	21.15	...
Lumaca A	0	10	10	20	30	40	40	...
Lumaca B	100	100	110	110	120	120	130	...

Tuttavia risulta essere una tecnica, almeno in questo caso, piuttosto lunga.
Si può invece osservare che ad ogni ora la distanza tra le due lumache si riduce sempre di 10 cm. Se alle 20.00 le lumache distano 90 cm, allora serviranno esattamente 9 ore perché tale differenza si annulli. Pertanto:
$$20.00 + 9\,h = 5.00.$$
La soluzione da dare, secondo il formato richiesto, è dunque 500.

24) **NASTRINI E PERLINE.** Secondo le indicazioni fornite, in un nastrino occorre infilare perline azzurre (A) e perline bianche (B) con una regola che minimizza l'uso delle perline azzurre, ovvero:

AABAABAABAA…..

Invece, per l'altro nastrino è necessario usare una regola che massimizza l'uso delle perline azzurre, ovvero:

AAABAAABAAA…...

Ciò premesso può essere utile ricorrere ad una tabella per vedere come procede la costruzione dei due nastri man mano che vengono inserite le perline secondo le sequenze sopra descritte:

Totale	1	2	3	4	5	6	7	8	9	10	**11**	12	13	14	15	16	17	18	19	20	21	22	**23**
Primo nastrino	A	A	B	A	A	B	A	A	B	A	**A**	B	A	A	B	A	A	B	A	A	B	A	A
N. azzurre	1	2	2	3	4	4	5	6	6	7	**8**	8	9	10	10	11	12	12	13	14	14	15	**16**
Secondo nastrino	A	A	A	B	A	A	A	B	A	**A**	A	B	A	A	A	B	A	A	A	B	A	A	A
N. azzurre	1	2	3	3	4	5	6	6	7	**8**	9	9	10	11	12	12	13	14	15	15	16	17	**18**

Come si osserva dalla tabella le due costruzioni sono periodiche (di rispettivamente 3 e 4 perline),

due perline bianche si trovano simultaneamente ogni 12 perline (mcm fra 3 e 4). Al passo precedente (11 perline) la differenza di perline azzurre è però pari ad 1, dunque occorre andare al multiplo comune successivo, ossia a 24 perline. Pertanto la prima volta che i due nastrini completi avranno una differenza di due perline azzurre è al momento in cui ciascuno avrà 23 perline.
La soluzione da dare è dunque 23.

25) **NUMERI DISPETTOSI.** Si può procedere per tentativi. Oppure individuare subito un numero dispettoso a partire dal fatto che al numero manca ogni volta 1 per essere divisibile sia per 6 che per 8. Questo significa che il seguente numero è sicuramente dispettoso:

$$6 \cdot 8 - 1 = 47.$$

Tuttavia potrebbero essercene altri più piccoli. Una facile verifica mostra che non è il primo: prima di 47 c'è (solo) 23.
La soluzione da dare, secondo quanto richiesto dal testo, è pertanto 2347.

Osservazione: il metodo per tentativi appare comunque il più rapido in questo tipo di problemi.

26) **LE BIGLIE.** Il problema si può risolvere facilmente andando a tentativi, in quanto il numero da cercare è compreso in un intervallo molto piccolo. In particolare, considerando i numeri tra 50 e 60 e cancellando tutti i numeri pari e tutti i multipli di 3 rimangono:

$$53; 55; 59.$$

Tra questi, l'unico che diviso per 3 dia resto 1 è 55.

27) **ARCHIMEDE MONOMIO.** Si possono tradurre le informazioni del testo nel seguente modo:
- *Divisione per 2 dà resto 1*: il numero è dispari!
- *Divisione per 5 dà resto 3:* il numero deve terminare con 3 oppure con 8. Per l'informazione precedente (numero dispari) deve terminare con 3.
- *Divisione per 9 dà resto 2:* sapendo che il numero da cercare ha solo 2 cifre, occorre trovare un numero che termina per 3 e che sia di 2 unità maggiore a un numero nella tabellina del 9. Andando a tentativi (dal 13 al 93), si trova che il numero che soddisfa la richiesta è 83 (81+2).

28) **LA PESCA.** Deve essere verificata questa condizione:

$$5B + 2R = 34$$

Avendo come unica altra condizione che B > R.
Si procede per tentativi in modo da determinare quanto possono valere B ed R.
Si può osservare che sicuramente B deve essere pari, in quanto 2R è sicuramente pari, e per ottenere un altro numero pari (34) occorre che anche il primo addendo sia pari!

B = 2 → R = 1 → NO.
B = 4 → R = 3 (o numero minore) → NO.
B = 6 → R = 2 → OK.

Avendo determinato il valore di B ed R è ora possibile rispondere alla richiesta:
$$2B + 5R = 12 + 10 = 22.$$

29) **UNA STRANA CALCOLATRICE.** Sono necessarie come minimo 8 operazioni. Infatti, per passare da 2014 a 2015, è necessario ottenere 1 come differenza tra un multiplo di 12 e un multiplo di 7 e tale evenienza accade per la prima volta con i due numeri 36 e 35, ottenuti rispettivamente aggiungendo 3 volte 12 e sottraendo 5 volte 7.

30) **QUANTI ADDENDI.** Si può ragionare con il metodo di Gauss, ossia raggruppando i termini a coppie di modo che la loro somma sia costante. La sommatoria è composta da 2013 termini, dunque si possono formare 1006 coppie e un addendo resta da solo. Quelle dispari (il primo termine con l'ultimo, il terzo con il terz'ultimo e così via) valgono ciascuna 2014 e sono in tutto 503 coppie; quelle pari (il secondo termine con il penultimo, il quarto con il quart'ultimo e così via) valgono anch'esse 2014 e sono nuovamente 503, ma sono negative (hanno il segno -).
Dunque le coppie pari annullano quelle dispari e resta solo il termine spaiato, quello centrale, positivo, pari a 1007. La sommatoria vale dunque 1007.

[*Nota:* si confronti questo problema con il n. 45 "A teatro" nella sezione *problemi di conteggio*].

Soluzione alternativa: Si può scrivere l'espressione al contrario e con qualche parentesi, in questo modo risulta molto più facile e immediata:
$$(2013 - 2012) + (2011 - 2010) + \cdots + (3 - 2) + 1 = (1006) + 1 = 1007.$$

31) **SOMME E SOTTRAZIONI.** È sufficiente calcolare i primi due termini dell'espressione, ossia:
$$2^3 - 2^2 = 8 - 4 = 4.$$
Dunque occorrono esattamente
$$2012 : 4 = 503 \text{ termini}$$
del valore pari a 4 per arrivare a 2012. Dunque in tutto ci sono esattamente 503 segni meno.

32) **DIFFERENZE DI QUOZIENTI.** Occorre risolvere l'espressione frazionaria, possibilmente senza fare troppi conti (strada comunque percorribile, e in ogni caso non si tratta di conti impossibili). In ogni caso, riducendo le frazioni allo stesso denominatore (immediato il calcolo essendo già data una scomposizione in fattori).

Si ha:
$$\frac{36}{5\cdot 7} - \frac{1}{5\cdot 6\cdot 7} - \frac{1}{6\cdot 7\cdot 8} - \frac{1}{6\cdot 8} = \frac{6^2\cdot 8\cdot 6 - 8 - 5 - 5\cdot 7}{5\cdot 6\cdot 7\cdot 8}.$$

A questo punto, o si fanno i conti, o si opera qualche trucco, cercando di raccogliere e semplificare la frazione, ad esempio in questo modo:
$$= \frac{6^2\cdot 48 - 48}{5\cdot 6\cdot 7\cdot 8} = \frac{48(6^2-1)}{48\cdot 5\cdot 7} = \frac{35}{35} = 1.$$

Dunque il prodotto di questa espressione per un qualsiasi numero n restituisce n. In questo caso $n = 337$.

33) **DOPO IL 2013!** Bisogna rendersi conto che non è possibile scrivere esplicitamente la somma dei 2013 termini della successione e che si deve trovare una regola generalizzabile: si osserva che il primo termine è
$$\frac{1}{1}\cdot\frac{1}{2} = \frac{1}{2};$$
il secondo è:
$$\frac{1}{2}\cdot\frac{1}{3} = \frac{1}{6};$$
il terzo è:
$$\frac{1}{3}\cdot\frac{1}{4} = \frac{1}{12};$$
e così via. La somma di questi termini risulta dunque:
$$\frac{1}{2} + \frac{1}{6} + \frac{1}{12} + \frac{1}{20} + \cdots.$$

Calcoliamo le somme parziali dei primi termini e quindi le semplifichiamo, otteniamo questa successione:
$$\frac{1}{2}; \frac{2}{3}; \frac{3}{4}; \frac{4}{5}; \frac{5}{6}; \cdots.$$

Questa nuova successione è composta da frazioni dove il denominatore supera di 1 il numeratore. Quindi il 2013esimo termine di questa successione sarà
$$\frac{2013}{2014}.$$

Il suo prodotto per 2014 sarà dunque 2013.

34) **DUE MESI PASSANO DI CORSA.** Occorre calcolare questa somma:
$$S_{tot} = 1 + 2 + 3 + \cdots + 28 + 29 + 30 + 31 + 30 + 29 + 28 + \cdots + 3 + 2 + 1 + 42$$

Per farlo si può spezzare la somma in quattro blocchi e poi utilizzare il metodo di Gauss per il primo e il terzo blocco, osservando che gli addendi formano coppie che danno sempre 31. Le coppie sono 15 per ciascuno dei due blocchi:

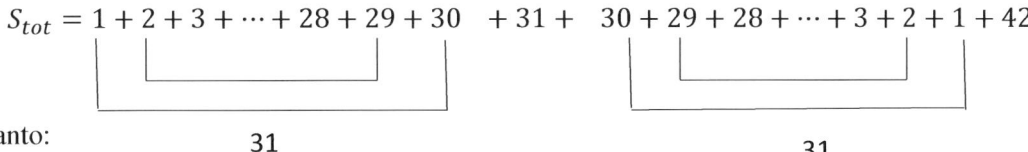

Pertanto:
$$S_{tot} = 31 \cdot \overset{31}{15} + 31 + 31 \cdot \overset{31}{15} + 42 = 1003 \text{ km}.$$

35) **TRA PARENTESI.** Le parentesi hanno effetto solo se vengono aperte dopo un segno di divisione, di modo da far variare il valore del divisore.

Le parentesi significative risultano dunque essere le seguenti:
- $2 : 2 : (2 : 2 \cdot 2) \cdot 2 = 1$
- $2 : 2 : (2 : 2 \cdot 2 \cdot 2) = 0{,}25$
- $2 : (2 : 2 : 2 \cdot 2) \cdot 2 = 4$
- $2 : (2 : 2 : 2) \cdot 2 \cdot 2 = 16$
- $2 : 2 : 2 : (2 \cdot 2 \cdot 2) = 0{,}06$
- $2 : 2 : 2 : (2 \cdot 2) \cdot 2 = 0{,}25$ stesso risultato della combinazione n.2

In tutto si possono dunque ottenere 5 risultati differenti.

36) **LO SCAMBIO DI CIFRE.** Chiamando XY il numero di partenza (l'età di Cecilia) e YX il numero invertito, il testo può essere riscritto come una operazione in colonna con lettere da determinare (esercizio simile ad altri più standard):

```
  Y X −
  X Y =
  ─────
    2 7
```

Per ipotesi del testo si ha X = 1 (età di cecilia < 20).
Quindi si ha:

```
  Y 1 −
  1 Y =
  ─────
    2 7
```

Andando per tentativi si arriva brevemente a determinare che
$$Y = 4.$$

L'età di cecilia è dunque 14 anni.

37) **NON DEVE ESSERE NEGATIVO.** È sufficiente assegnare i vari casi, assegnando ad n valori crescenti a partire da 1:
- n=1 → 1 - 2 < 0 → NO;
- n=2 → 4 - 4 = 0 → OK;
- n=3 → 9 - 8 = 1 → OK;
- n=4 → 16 - 16 = 0 → OK;
- n=5 → 25 - 32 < 0 → NO.

Per n > 5 si ottiene sempre un numero negativo, in quanto le potenze di 2 crescono più rapidamente rispetto al numero elevato alla seconda.

Per avere la soluzione occorre sommare i valori di n che vanno bene (*attenzione:* bisogna sommare i vari *n*, e non i risultati dell'espressione!!!):
$$2 + 3 + 4 = 9.$$

38) **MOLTIPLICAZIONE CRIPTICA.** Il prodotto è dispari ed ha come cifra delle unità la cifra 7, pertanto il divisore deve essere dispari e avere come possibile cifra delle unità solamente 1, 3, 7 o 9. Una verifica diretta mostra che solamente 53 è un divisore di 91637 e quindi, eseguendo la divisione, si ottiene il primo fattore della moltiplicazione, 1729.

39) **LA SOMMA CIFRATA.** Si può procedere per tentativi, partendo dalle assegnazioni alla lettera C da cui si deriva l'assegnazione alla lettera A e, se possibile, alla lettera B. Procediamo sistematicamente con ordine:
- C=0 → A=3 → Impossibile.
- C=1 → A=0 → Impossibile.
- C=2 → A=7 → A ok, ma non si trova alcun valore di B che vada bene.
- C=3 → A=4 → Impossibile.
- C=4 → A=1 → Impossibile.
- C=5 → A=8 → Impossibile.
- C=6 → A=5 → Impossibile.
- C=7 → A=2 → Impossibile.
- C=8 → A=9 → B=4 ok.
- (C=9 → A=6 → Impossibile).

L'unica soluzione possibile porta dunque al numero BAC = 498.

41) **SOMMA CIFRATA.** Si può procedere per tentativi (come nel problema precedente) oppure con qualche ragionamento di questo tipo: la cifra Z della somma è un riporto di una somma di tre cifre distinte, maggiorata eventualmente del riporto dalla somma delle unità. Ne segue che:
$$Z = 1 \text{ o } Z = 2$$
(infatti le tre cifre possono essere al massimo $7 + 8 + Z < Z \cdot 10$).

- Supponiamo allora $Z = 1$, guardando le unità dei tre numeri concludiamo che necessariamente $Y = 9$. Infatti se il risultato è x deve essere:
$$Y + Z = 10;$$
e quindi $Y = 9$.

Considerando le decine (con il riporto dalle unità), deve essere:
$$X + Y + Z = X + 9 + 1 + 1 = 19.$$
(Infatti tenuto conto che c'è un riporto di 1 delle unità si ha:
$$1 + X + Y + Z = Z \cdot 10 + Y \rightarrow 1 + X + 9 + 1 = 19).$$
Da cui si ha $X = 8$.

- Se invece fosse $Z = 2$, le unità danno $Y + Z = 10 \rightarrow Y = 8$;
mentre le decine implicano
$$X + 8 + 2 + 1 = 28$$
Questa relazione porta a concludere che X non può essere una cifra!

Concludiamo che solo il primo caso è possibile ($Z = 1$), e dunque la soluzione cercata è 198.

Osservazione: l'ipotesi che le tre cifre siano distinte fra loro non era necessaria!

42) **UNA STRANA MOLTIPLICAZIONE.** Bisogna procedere a tentativi, ma con un po' di logica e ragionamento. Ad esempio se si testano i prodotti delle unità si trova che ci sono solo 5 coppie possibili: (3;5), (5;3) (5;5), (5;7), (7;5). Le altre coppie conducono infatti ad una cifra delle unità nel primo prodotto che non è nella lista delle cifre autorizzate, come per esempio $7 \cdot 3 = 21$ che dà 1 come cifra delle unità.

A questo punto si prende ciascuna coppia e si procede sistematicamente alla ricerca dei possibili valori delle decine del moltiplicando. Ad esempio con (3;5) poiché c'è il riporto di 1, il prodotto di 5 per ciascuna delle cifre (numero) autorizzate, più il riporto 1, dà 6 oppure 1 e non va bene, dunque la coppia (3;5) va esclusa. L'unica coppia che porta ad avere una cifra delle decine del moltiplicando "consentita" è (5;3), e si trova che essa può essere solo 7 (per il ragionamento precedente del riporto 1 e di un prodotto che porti ad una cifra consentita: $3 \cdot 7 = 21$ che con il riporto 1 arriva alla somma avente come cifra delle decine 2.

Si può così capire che anche la cifra delle centinaia del moltiplicando non può che essere 7, cosa che porta ad avere 2 e 3 per le prime due cifre del primo prodotto parziale. Lo stesso ragionamento permette di constatare che la cifra delle decine del moltiplicatore non può che essere 3.

Con questa serie di passaggi logici si può arrivare a completare la moltiplicazione ad esempio in questo modo:

```
   ...7 5 x        7 7 5 x          7 7 5 x          7 7 5 x
     ...3            ...3             3 3              3 3
   ───────        ───────          ───────          ───────
  ......2 5        2 3 2 5          2 3 2 5          2 3 2 5
  ............    ............     2 3 2 5          2 3 2 5
   ───────        ───────          ───────          ───────
  ............5  ............5    ............5    2 5 5 7 5
```

Dunque la soluzione da dare è 2557.

43) **QUATTRO RADICI QUADRATE.** L'espressione si risolve immediatamente se si applica questa proprietà:
$$n \cdot (n+2) + 1 = (n+1)^2.$$
Ossia (partendo dalla radice più interna):
$$100 \cdot 102 + 1 = 101^2.$$
Dunque la radice più interna vale 101. Questo risultato permette di calcolare, sempre con la stessa proprietà, anche la seconda radice e via via, di conseguenza, anche le altre.
$$\sqrt{1 + 103 \cdot 101} = \sqrt{102^2} = 102;$$
$$\sqrt{1 + 104 \cdot 102} = \sqrt{103^2} = 103;$$
$$\sqrt{1 + 105 \cdot 103} = \sqrt{104^2} = 104.$$

44) **UN PRODOTTO DI 98 FATTORI.** Per qualsiasi numero n si ha
$$1 - \frac{2}{n} = \frac{(n-2)}{n};$$
nel nostro caso n assume una e una sola volta tutti i valori interi da 3 a 100. Il nostro prodotto si può quindi scrivere nella forma:
$$\frac{1}{3} \cdot \frac{2}{4} \cdot \frac{3}{5} \cdot \ldots \cdot \frac{97}{99} \cdot \frac{98}{100}.$$
Semplificando, al numeratore rimane solo il fattore 2 e al denominatore rimangono solo i fattori 99 e 100. Si ha dunque:
$$\frac{2}{99 \cdot 100} = \frac{1}{4950}.$$
La soluzione è dunque 4950.

45) I NUMERI DI ENRICO. Il problema si può risolvere ragionando sulla ricorsività con cui ritornano le stesse cifre nel portare avanti il procedimento di Enrico. Si ha infatti:

Numero	Somma ultime 2 cifre
2012	3
20123	5
201235	8
2012358	13
201235813	4
2012358134	7
20123581347	12
2012358134712	3
...	5

Dunque vi è un periodo pari a 9: ogni 9 cifre, le cifre che compongono la sequenza si ripetono. Togliendo dalle 2012 cifre le 4 iniziali si hanno 2008 cifre che si ripetono. Dividendo per il periodo (in questo caso 9) si ottiene il numero di volte che si ripetono, il resto è importante per capire a quale punto del periodo termina il numero:

$$2008 : 9 = 223, \text{resto } 1.$$

Manca dunque una sola cifra al ciclo completo. Pertanto le ultime 4 cifre scritte da Enrico sono 3471.

46) GEOMETRIX E LE POTENZE. È sufficiente trasformare le potenze assegnate in potenze con la stessa base e quindi applicare le proprietà delle potenze:
$$8^{16} : 4^{20} = (2^3)^{16} : (2^2)^{20} = 2^{48} : 2^{40} = 2^8 = 256.$$

47) L'ULTIMA CIFRA. Occorre ragionare sulla ricorsività con cui terminano le varie potenze, ossia sulla successione delle cifre delle unità di ogni potenza.

Per le potenze di 2, la successione delle ultime cifre è: 2, 4, 8, 6, 2, ...

Per le potenze di 3 la successione delle ultime cifre è: 3, 9, 7, 1, 3, ...

Ogni potenza di cinque termina con 5.

Per le potenze di 7 la successione delle ultime cifre è: 7, 9, 3, 1, 7, ...

Si osserva dunque che l'ultima cifra di ciascuna delle potenze si ripete con cicli di ordine 4.

Poiché si ha 2009 = 2008 + 1 e 2008 è un multiplo di 4, ne segue che le quattro potenze assegnate terminano rispettivamente con 2, 3, 5, 7. Pertanto si ha:
$$2 + 3 + 5 + 7 = 17.$$

Dunque l'espressione assegnata termina con la cifra 7.

48) **LO SPIRITO CREATIVO.** Ci sono 8 fratelli (7 più l'uomo stesso che è fratello degli altri!), $7 \cdot 8 = 56$ sacche, $56 \cdot 7 = 392$ gatte, $392 \cdot 7 = 2744$ gattini e infine 1 signora.
La somma di tutti è pari a:
$$8 + 56 + 392 + 2744 + 1 = 3201.$$

49) **UN TORNEO AMBITO.** Perché il meccanismo dello scorso anno sia direttamente applicabile occorre che il numero dei giocatori sia una potenza (intera) di 2. 2009 essendo dispari chiaramente non lo è e la prima potenza di 2 che supera 2009 è:
$$2^{11} = 2048.$$
Il minimo numero di giocatori da ammettere alla seconda fase è dunque pari a:
$$N_g = 2048 - 2009 = 39 \text{ giocatori},$$
dunque nella prima fase si deve giocare un numero di partite pari a:
$$N_p = 2^{10} - 39 = 1024 - 39 = 985 \; partite.$$
Per le fasi successive si dovrà poi giocare un numero di partite pari a:
$$N_s = 2^9 + 2^8 + 2^7 + \cdots + 2 + 1 = 2^{10} - 1 = 1023.$$

Pertanto in tutto le partite da giocare risultano essere:
$$N_{tot} = N_p + N_s = 985 + 1023 = 2008.$$

Osservazione: si può dimostrare che, qualunque sia il numero n dei partecipanti, se si segue questa prassi, il numero di partite da giocare complessivamente è $n - 1$.

50) **UN QUADRATO CHE È UN CUBO.** Un numero è sia un quadrato sia un cubo perfetto se può essere espresso come potenza con esponente 6 o un multiplo di 6 (esponente 2 per un quadrato perfetto, esponente 3 per un cubo perfetto, dunque per entrambe le cose il loro prodotto). Dunque andando in ordine, a partire dalle basi più piccole, si ha:
- $1^6 = 1$, il primo intero con le proprietà richieste;
- $2^6 = 64$;
- $3^6 = 729$;
- $4^6 = 2^{12} = 4096$ ed è l'unico di 4 cifre (infatti 5^6 è sicuramente più grande).

51) **LA SABBIA.** È sufficiente impostare e risolvere questa proporzione:
$$12 : 15 = 60 : x$$
$$\rightarrow x = 60 \cdot 15 : 12 = 75 \text{ grammi}.$$

52) **GALILEO.** Se ogni oscillazione corrisponde a 6 battiti del cuore, allora 11 oscillazioni corrispondono a 66 battiti del cuore.
Per trovare a quanti secondi corrispondono si può tenere conto del dato inziale e impostare una proporzione:
$$60 : 72 = x : 66$$
$$\rightarrow x = 66 \cdot 60 : 72 = 55 \text{ secondi.}$$

53) **TIRO CON L'ARCO.** La differenza 90% - 85% = 5% rappresenta la percentuale di frecce in più che Gottfried ha scagliato rispetto a John. Di conseguenza, 2 rappresenta il 5% delle frecce scagliate da ciascuno dei due.

Impostando la seguente proporzione:
$$5 : 100 = 2 : x$$
si ottiene che il totale delle frecce scagliate è:
$$x = 2 \cdot 100 : 5 = 40.$$

54) **LA PERCENTUALE.** Le percentuali sono riferite agli incrementi, pertanto occorre calcolarli.
Il primo incremento è pari a:
$$90 - 60 = 30 \rightarrow 50\%$$
Il secondo incremento è pari a:
$$300 - 60 = 240 \rightarrow ?\%$$
Per scoprire quale percentuale corrisponde è sufficiente impostare una proporzione:
$$30 : 50 = 240 : x$$
$$\rightarrow x = 240 \cdot 50 : 30 = 400\%.$$

55) **GIGI IL TAGLIALEGNA.** Il problema si risolve facilmente impostando una proporzione (le grandezze sono infatti direttamente proporzionali: è un problema del tre semplice!), occorre però stare attenti a non cadere in una trappola: il numero di pezzi è sempre maggiore di uno rispetto al numero di tagli effettuati (con 1 taglio si ottengono 2 pezzi, dunque se i pezzi ottenuti sono 3 significa che ci sono stati 2 tagli!)
Pertanto la proporzione da impostare si deve basare sul numero di tagli e non sui pezzi di legno ottenuti! Essa è:
$$45 : 3 = x : 7$$
$$\rightarrow x = 45 \cdot 7 : 3 = 105 \text{ minuti.}$$

56) **ESAME DI AMMISSIONE.** Il problema è un tipico esempio di testo con dati sovrabbondanti. Bisogna spazzare via le informazioni inutili e riformulare il testo in questo modo: Paolo raggiunge l'80% di risposte giuste rispondendo correttamente a tutte le domande tranne 5. Quante sono le domande?

Il problema è allora immediato, basta considerare la percentuale contraria, ossia il 20% che corrisponde alle 5 domande errate, e impostare una proporzione:
$$20 : 100 = 5 : x$$
$$\rightarrow x = 5 \cdot 100 : 20 = 25.$$

57) **GRANDI.** La risposta - errata - che subito verrebbe da dare è 25%. Le percentuali non possono essere sommate o sottratte tra loro, in quanto si riferiscono a quantità diverse: le due percentuali date nel testo si riferiscono a Statix, mentre la percentuale richiesta è rispetto a Geometrix. Dunque a Geometrix facciamo corrispondere il 100%, mentre a Probabilix la percentuale incognita da calcolare. Se Statix ha un'altezza h, allora Probabilix ha un'altezza pari a $150h$, mentre Geometrix ha un'altezza pari a $125h$.

Si può ora impostare una proporzione tenendo conto di quanto sopra detto:
$$150h : 125h = x : 100$$
(o, in alternativa: $125h : 100 = 150h : x$).
$$\rightarrow x = \frac{150h \cdot 100}{125h} = \frac{15000}{125} = 120\%.$$

L'altezza di Probabilix è il 120% di quella di Geometrix, dunque la differenza tra le loro altezze è pari al 20%.

Metodo alternativo: si può anche risolvere il problema assegnando a Statix un'altezza a piacere (un numero facile, ad esempio 100 cm) e facendo tutti i calcoli sulle altezze di Probabilix e Geometrix e, una volta calcolate, impostare la proporzione rispetto alle loro altezze: $H_o : H_a = 100 : x$).

58) **IL REFERENDUM.** Si tratta di un problema sulle doppie percentuali. Più che applicare le proporzioni (è sempre possibile farlo, ma occorre stare attenti) qui conviene ragionare in termini di frazioni. Il 30% del 33% di una certa quantità N può essere pensato come al prodotto di due frazioni:
$$\frac{30}{100} \cdot \frac{33}{100} N = \frac{99}{1000} N.$$

La frazione ottenuta rappresenta i "voti sì" iniziali. A questi vanno aggiunti quelli scrutinati successivamente, che sono il 10% (40% totale - 30% già scrutinato) del 45%, ossia:
$$\frac{10}{100} \cdot \frac{45}{100} N = \frac{45}{1000} N.$$

I sì totali risultano dunque essere:
$$\frac{99}{1000} N + \frac{45}{1000} N = \frac{144}{1000} N.$$

Questa frazione è riferita al 40% di schede scrutinate, dunque per rapportarla al totale si può impostare una proporzione:

$$\frac{144}{1000}N : \frac{40}{100}N = x : N$$
$$\to x = \frac{144}{1000}N \cdot N \cdot \frac{100}{40\,N} = \frac{144}{400}N = 0{,}36N.$$

I "sì" per ora scrutinati rappresentano dunque il 36% rispetto al totale delle schede.

59) **LA DIETA DELL'OH-CAPO.** Ribaltiamo il dato sulle calorie: una mela contiene il 5% delle calorie che contiene un cioccolatino. Dunque, impostando una semplice proporzione si può trovare il numero x di che mele serve per raggiungere le calorie di un cioccolatino (il 100%):

$$5 : 100 = 1 : x$$

Da cui si ricava banalmente che:

$$x = \frac{100 \cdot 1}{5} = 20 \text{ mele.}$$

60) **LE ARANCE INVENDUTE.** Il problema si risolve in maniera semplice impostando una proporzione:

$$581 : x = 7 : 100$$
$$\to x = 581 \cdot 100 : 7 = 8300 \text{ arance totali.}$$

Le arance invendute risultando dunque: 8300 - 581 = 7719.

Nota: è anche possibile impostare subito quest'altra proporzione per trovare immediatamente le arance vendute (pari al 93% del totale):

$$581 : x = 7 : 93$$
$$\to x = 581 \cdot 93 : 7 = 8300 \text{ arance vendute.}$$

61) **IN PIZZERIA.** Si tratta di un problema di ripartizione, ove occorre ripartire lo sconto effettuato proporzionalmente alle somme versate da tre amici.

Per prima cosa si calcola la spesa effettuata da ciascuno (senza sconto):

Andrea: 13,30 euro;
Bernardo 15,20 euro;
Carlo 17,10 euro;
Totale 45,60 euro.
→ Sconto ottenuto: 45,60 - 42 = 3,60 euro.

Per trovare quanto deve pagare Carlo a seguito dello sconto si deve impostare una proporzione, o utilizzando lo sconto (da poi sottrarre al suo importo) o, in maniera ancora più rapida, utilizzando direttamente i prezzi totali con e senza sconto:

$$C : 17{,}10 = 42{,}00 : 45{,}60$$
$$\rightarrow C = 17{,}10 \cdot 42{,}00 : 45{,}60 = 15{,}75 \text{ euro.}$$

La soluzione da dare è dunque 1575.

Osservazione: impostando invece la proporzione con lo sconto si trova che lo sconto che deve essere applicato a Carlo è pari a:
$$3{,}60 \cdot 13{,}30 : 45{,}60 = 1{,}35 \text{ euro.}$$

62) GLI STRISCIONI. Si tratta di un problema del tre composto, che si può ridurre ad un problema del tre semplice unendo più dati: da una parte l'area dello striscione (ottenuta moltiplicando le due dimensioni) e dall'altra i grammi di stoffa usata (ottenuti moltiplicando il n. di gomitoli per i grammi di ciascun gomitolo). Queste due grandezze sono direttamente proporzionali:

Area (cm²)	Massa (g)
5040	6000
x ?	9000

Si può dunque impostare e risolvere una proporzione:
$$5040 : 6000 = x : 9000$$
$$\rightarrow x = 7560 \text{ cm}^2.$$

Per ottenere la lunghezza è sufficiente applicare una formula inversa di geometria piana:
$$b = \frac{A}{h} = 7560 : 30 = 252 \text{ cm}^2.$$

63) IL QUESITO DI MAGO MERLINO. Un metodo può essere quello di scrivere tutte le terne di numeri il cui prodotto è 36 oppure tutte le terne aventi per somma 13 e poi scartare quelle che non vanno bene. Supponiamo di procedere in modo sistematico, per esempio a partire dalla scomposizione di 36 in fattori, e trovare le terne seguenti:
$$(1,1,36), (1,2,18), (1,3,12), (1,4,9), (1,6,6), (2,2,9), (2,3,6), (3,3,4).$$
Si eliminano le terne i cui numeri non danno come somma 13 e si ottiene:
$$(1, 6, 6) \text{ e } (2,2,9).$$
Concludiamo che la terna che individua l'età dei figli del fabbro è (2,2,9) poiché dal testo del problema si ha l'ulteriore informazione dell'esistenza di un figlio maggiore.
La soluzione da dare è dunque 229.

Nota: Se si fossero scritte le terne aventi somma 13 si sarebbe ottenuto:
(1,1,11), (1,2,10), (1,3,9), (1,4,8), (1,5,7), (1,6,6), (2,2,9), (2,3,8), (2,4,7), (2,5,6), (3,3,7), (3,4,6), (3,5,5), (4,4,5);
eliminando quelle il cui prodotto è diverso da 36 sarebbero rimaste solo
(1, 6, 6) e (2,2,9).
Per dunque arrivare alla stessa conclusione precedente.

64) DUE PROGRESSIONI. Per soddisfare alla richiesta le ragioni delle due progressioni devono avere il minimo comune multiplo più piccolo possibile. Non potendo le due ragioni essere uguali (condizione data dal testo), sarà sufficiente moltiplicare la prima per il più piccolo numero intero possibile, ossia per 2. Così le due ragioni avranno gli stessi identici fattori, eccetto un fattore 2 in più e l'm.c.m. sarà proprio il numero più grande.
La ragione cercata, e quindi la soluzione da dare, è:
$$4449 \cdot 2 = 8898.$$

65) LE CAMPANELLE. Si tratta di un classico problema sul minimo comune multiplo. Quindi calcoliamo:
$$m.c.m.(40; 50; 60) = 600 \text{ minuti} = 10 \text{ ore.}$$
Dalle 7.30 del mattino si arriva dunque alle 17.30.
La soluzione da dare è dunque 1730.

66) IL CACCIATORE MATEMATICO. Se due numeri sono primi tra loro significa che non hanno divisori in comune se non il numero 1. Dunque il minimo comune multiplo è proprio il prodotto dei due numeri stessi!
La soluzione da dare è dunque 198.

Nota: in generale il prodotto dei due numeri è pari al prodotto tra MCD e mcm. In questo caso MCD=1.

67) COMBINAZIONE LUCCHETTO. Se il numero della combinazione diviso per i numeri da 2 a 9 avesse avuto come resto 0, la risposta sarebbe stata il minimo comune multiplo dei numeri da 2 a 9. Siccome invece c'è resto, ma è sempre 1 per ogni numero usato come divisore, è sufficiente aggiungere 1 al minimo comune multiplo.
$$m.c.m.(2; 3; 4; 5; 6; 7; 8; 9) = 2520;$$
$$\rightarrow soluzione = 2520 + 1 = 2521.$$

68) **I CICLAMINI.** Si tratta di un problema dove occorre calcolare il Massimo Comun Divisore (infatti il vincolo che i vertici siano occupati porta proprio a dover individuare un numero che sia divisore di entrambe le misure dei lati; si vuole poi che la distanza tra una pianta e l'altra sia massima, dunque occorre calcolare proprio il MCD). Si ha:
$$245 = 5 \cdot 7^2;$$
$$350 = 3 \cdot 5^2 \cdot 7;$$
$$MCD(245; 350) = 5 \cdot 7 = 35.$$
35 è la distanza in centimetri tra una pianta di ciclamini e l'altra. Per sapere quante ne occorrono per l'intera aiuola è sufficiente dividere il perimetro per questa distanza:
$$P = (350 + 245) \cdot 2 = 1190 \text{ cm};$$
$$N_{piante} = 1190 : 35 = 34.$$

69) **IL MASSIMO COMUNE DIVISORE.** Scomponiamo il numero dato in fattori primi:
$$72000 = 2^6 \cdot 3^2 \cdot 5^3.$$
Quindi ragioniamo a partire dalla regola pratica che si adotta solitamente per il calcolo del M.C.D. tra due o più numeri: una volta che sono stati scomposti in fattori primi, occorre prendere tutti i fattori comuni, col minimo esponente.
Analizziamo il numero che è il risultato del prodotto dei tre numeri, dunque contiene tutti i fattori che possono dare i tre numeri:
- 3^2: non può essere comune a tutti e tre i numeri, ma al massimo può esserci un fattore 3 in due soli numeri!
- 5^3: può esserci un fattore 5 in ogni numero, dunque un 5 da prendere per il MCD;
- 2^6: può esserci fino ad un fattore 2^2 in ogni numero, nel qual caso lo potremmo prendere per il MCD.

Nelle migliori delle ipotesi il MCD risulta essere (massimo valore che può avere):
$$MCD = 2^2 \cdot 5 = 20.$$

70) **LE DUE SCALE.** Siccome i pioli della prima scala si trovano ogni 20 cm (quindi secondo i multipli di 20, a partire dal primo piolo) e quelli della seconda secondo i multipli di 30 (a partire dal primo piolo) ci sono evidentemente dei pioli «nascosti» nel senso che alcuni combaciano e sono quelli relativi ai multipli di 60 (mcm di 20 e 30). La situazione è dunque la seguente:

Scala A	0	20		40	60	80		100	120
Scala B	0		30		60		90		120

Mentre il primo intervallo da 0 a 60 cm è costituito da 5 pioli che si vedono, tutti gli altri intervalli, ad esempio da 60 a 120 cm sono formati da 4 pioli. Quindi se sono stati contati 45 pioli è sufficiente toglierne uno (il piolo "zero") e poi dividere per 4 per trovare il numero di intervalli:

$$(45 - 1) : 4 = 11 \text{ intervalli.}$$

Sapendo che ogni intervallo ha la lunghezza di 60 cm, si ricava immediatamente la lunghezza di una scala:

$$11 \cdot 60 = 660 \text{ cm.}$$

71) **LA PRIMA PROVA DELL'ESAME DA BRAVIN.** Occorre analizzare i vari numeri ed effettuare opportune considerazioni aritmetiche:
- AA: numero che deve essere primo, composto da due cifre uguali. I casi possibili sono:
AA = 11;   AA = 22; AA = 33; …
Sono tutti multipli di 11 e dunque numeri non primi. Pertanto deve essere necessariamente
$$AA = 11 \rightarrow A = 1.$$
- BAB: fissato A=1, sicuramente B non può essere né 2, né 4, né 6, né 8, né 0 (in quanto originano numeri che sono multipli di 2!), né può essere pari a 5 (BAB diverrebbe multiplo di 5). Le possibilità si riducono solamente a queste 3:
BAB = 313 oppure BAB = 717 oppure BAB = 919.
Si osserva subito che 717 non va bene in quanto multiplo di 3, le soluzioni possibili sono dunque due e per ora le teniamo entrambe.
$$B = 3 \text{ oppure } B = 9.$$
- AAAC: fissato A=1, per C si possono fare le stesse considerazioni fatte per B ed escludere dunque le cifre 2; 4; 5; 6; 8; 0. Si possono parimenti escludere il 3 e il 9 perché darebbero vita ad un numero multiplo di 3. Per esclusione si ha:
$$AAAC = 1117 \rightarrow C = 7.$$
- BACD: fissati A=1, C=7, per D si possono escludere, come nei casi precedenti, i valori 2; 4; 5; 6; 8; 0 oltre che 1 e 7 in quanto già usati per A e C. Restano due possibilità:
$$D = 3 \text{ oppure } D = 9.$$

Combinando le possibilità ottenute per BAB e BACD si ha che:
$$ABCD = 1379 \text{ oppure } ABCD = 1973.$$

Per capire quale numero escludere si può provare a testare qualche divisore primo. Per fortuna il test restituisce subito che 1379 è divisibile per 7 e dunque il numero cercato è 1973 (senza dover controllare tutti i divisori primi minori della sua radice, ossia minori di 45).

Osservazione strategica: se si fossero ottenuti due numeri per i quali fosse stato non banale trovare quale avesse un divisore primo, si sarebbe potuto comunque tentare di giocare entrambi i numeri come soluzione del quesito (se si è fortunati non si prende neppure il piccolo malus per aver dato una soluzione errata, altrimenti - come si suol dire - il gioco è probabile che valga comunque la candela e il rischio di tentare due soluzioni!).

72) **DUE LETTERE, DUE CIFRE.** Si tratta di un problema tranello! Si sa infatti dall'unica condizione presente, quella sulla divisibilità, che A deve essere per forza 5 (non può essere 0 in quanto posto a inizio numero non sarebbe cifra significativa). B può assumere invece qualunque altro valore, eccetto 5 (in quanto si presume che B ≠ A, ma, come vedremo, anche questa ipotesi è superflua).

Ora la richiesta è formulata in modo da indurre all'errore, infatti uno penserebbe di dover necessariamente utilizzare il valore della lettera A. Siccome invece è usata la congiunzione *o*, si possono usare anche soltanto i valori attribuiti alla lettera B e il problema può dunque essere riformulato in questo modo: scrivete il più piccolo numero di 4 cifre significative tutte diverse tra loro. Esso, banalmente, è 1023.

73) **DUE CIFRE PER DUE NUMERI.** La formulazione di questo problema sembra molto simile a quella del problema precedente ma in realtà, questa volta, non si tratta di un problema-tranello, ma occorre ragionare sulla divisibilità dei due numeri.

- ABABA: se è divisibile per 3, allora deve sussistere questa relazione:
$$3 \cdot A + 2 \cdot B = 3 \cdot n.$$
(Con *n* numero intero).
Ossia: la somma delle cifre deve dare un multiplo di 3.

- BABABAB: se è divisibile per 18 significa che deve essere divisibile per 2 e per 9.
  → Dalla divisibilità per 2 segue che B deve essere una cifra pari.
  → Dalla divisibilità per 9 segue che la somma delle cifre deve essere un multiplo di 9, ossia:
$$4 \cdot B + 3 \cdot A = m \cdot 9.$$
(Con *m* numero intero).

Il testo parla di costruire il numero più grande con i valori ammessi per A e B, dunque iniziamo a fare dei tentativi a partire dai valori più grandi di B, ossia i numeri pari dall'8 in giù:

- B = 8 → $3 \cdot A + 16 = 3 \cdot n$. → Nessun valore di A va bene!
- B = 6 → $3 \cdot A + 12 = 3 \cdot n$. → Va bene qualsiasi valore di A
  → $24 + 3 \cdot A = m \cdot 9$ → Vanno bene questi valori di A: 1; 4; 7.
- B = 4 → $3 \cdot A + 8 = 3 \cdot n$. → Nessun valore di A va bene!
- B = 2 → $3 \cdot A + 4 = 3 \cdot n$. → Nessun valore di A va bene!

Dunque gli unici valori possibili sono i seguenti:
$$B = 6; \ A = 1; \ A = 4; \ A = 7.$$
Con questi valori, presi ciascuno una sola volta, il più grande numero che si può scrivere è 7641.

74) **CIFRE CRESCENTI.** Affinché un numero sia divisibile per 6 occorre che sia contemporaneamente divisibile per 2 e per 3.
    - Divisibilità per 2: l'ultima cifra deve essere pari. → Dunque si escludono già i numeri che terminano per 9 e si inizia a provare con quelli che terminano per 8 (eventualmente poi si passerà a quelli con il 6 e così via).
    - Divisibilità per 3: la somma delle cifre che compongono il numero deve essere 3 o un suo multiplo. → Tenendo conto della condizione cui sopra e di quella data dal testo (cifre crescenti) procediamo per tentativi, a partire dal numero più grande che si può scrivere e quindi passando a quelli immediatamente inferiori che continuino a rispettare tali condizioni:
      5678 → No.
      4578 → Sì.

    Nota: in questo caso sono bastati due soli tentativi, ma sono stati tentativi ragionati, con un procedimento che portava comunque a non dover fare un numero elevato di prove!

75) **LE UOVA.** Il problema può essere risolto con un piccolo trucco: se supponessimo di aggiungere un uovo, allora tutte le fila sarebbero complete, dunque il numero di uova sarebbe multiplo sia di 5, sia di 6, sia di 7. Il più piccolo multiplo comune è:
$$n = 5 \cdot 6 \cdot 7 = 210.$$
Con il multiplo successivo si supera già 400 quindi va escluso.
Ora abbiamo aggiunto un uovo: è sufficiente toglierlo dal risultato ottenuto per avere la soluzione!
$$N = n - 1 = 210 - 1 = 209.$$

76) **QUADRATI PERFETTI.** Osserviamo che 10.000 è il quadrato di 100. Dunque tutti i numeri maggiori di 100 hanno un quadrato più grande, mentre tutti i numeri minori di 100 hanno un quadrato minore di 10.000.
Fra gli interi positivi tutti e soli i numeri fra 1 e 100 che hanno il quadrato compreso fra 1 e 10.000 sono esattamente 100. Dunque, impostando una proporzione per passare alla percentuale (oppure semplicemente andando ad occhio) si vede che 100 su 10.000 corrisponde esattamente all'1%.

77) **MOLTI FATTORI PER UN PRODOTTO.** Un numero è un quadrato perfetto quando la sua scomposizione in fattori primi presenta tutti esponenti pari (cioè divisibili per 2). Scomponiamo in fattori primi 13!, ossia ciascuno dei fattori da cui è formato:

$13 = 13$ (numero primo);
$12 = 2^2 \cdot 3$;
$11 = 11$ (numero primo);
$10 = 2 \cdot 5$;
$9 = 3^2$;
$8 = 2^3$;
$7 = 7$ (numero primo);
$6 = 2 \cdot 3$;
$5 = 5$ (numero primo);
$4 = 2^2$;
$3 = 3$ (numero primo);
$2 = 2$ (numero primo).

Pertanto si ha:
$$13! = 2^{10} \cdot 3^5 \cdot 5^2 \cdot 7 \cdot 11 \cdot 13.$$
Per rendere questo numero un quadrato perfetto occorre dunque moltiplicarlo per:
$$n = 3 \cdot 7 \cdot 11 \cdot 13 = 3003.$$

78) **LE PAGINE DEL LIBRO.** Se si esegue la scomposizione in fattori primi di 306 si ottiene:
$$306 = 2 \cdot 3^2 \cdot 17.$$
Bisogna combinare questi fattori in modo da ottenere due numeri n_1 e n_2 consecutivi (la numerazione delle pagine è consecutiva!). Una scelta potrebbe essere prendere
$$n_1 = 17 \cdot 2 = 34 \text{ e } n_2 = 3^2 = 9$$
ma non vanno bene. Andando a tentativi e intuito si trova abbastanza facilmente che:
$$n_1 = 17; \ n_2 = 2 \cdot 3^2 = 18.$$
La pagina di destra è quella pari, dunque la risposta è 18.

79) **LA SEGRETERIA.** Si può ragionare in molti modi diversi. Un modo è il seguente: essendo esclusi tutti i multipli dispari, i buoni da 5 euro danno sempre un risultato che termina per zero, dunque bisogna combinare i buoni da 7 e da 12 di modo che la loro somma termini con zero. I casi possibili sono:

$12 \cdot 2 = 24$ → $7 \cdot 8 = 56$ da cui $130 - (56 + 24) = 50$
che si può ottenere facendo $5 \cdot 10$, ma 10 non è ammesso come fattore.

$12 \cdot 4 = 48$ → $7 \cdot 6 = 42$ da cui $130 - (48 + 42) = 40$

che si può ottenere facendo 5 · 8.

12 · 6 = 72 → 7 · 4 = 28 da cui 130 - (72 + 28) = 30
che si può ottenere facendo 5 · 6, ma 6 è da escludere perché già usato.

12 · 8 = 96 → 7 · 2 = 14 da cui 130 - (96 + 14) = 20
che si può ottenere facendo 5 · 4, ma è da escludere perché esiste una soluzione in cui vi è un maggior numero di buoni da 5.

Dunque la combinazione giusta è data da 4; 6; 8, la quale dà un numero complessivo di buoni pari a 18.

80) SFIDA CON IL RIVALE. Ragioniamo sulla divisibilità: da 500 a 700 i numeri che divisi 10 danno resto 2 sono del tipo 502; 512; 522; ….
Quelli che invece divisi per 12 danno resto 2 sono quelli maggiori di 2 unità rispetto a tutti i multipli di 12. Il primo multiplo di 12 maggiore di 500 è 504. Dunque i numeri che soddisfano la richiesta rispetto alla divisione per 12 sono:
506; 518; 530; 542; 554; 566; 578; 590; 602; 614; 626; 638; 650; 662; 674; 686; 698.
Da questo elenco cancelliamo tutti quelli che non terminano con 2 (che abbiamo detto essere quelli che divisi per 10 danno resto 2). Restano soltanto 3 numeri, per i quali si può verificare con poco sforzo se divisi per 9 danno resto 2:
- 542 : 9 = 60 resto 2;
- 602 : 9 = 66 resto 8;
- 662 : 9 = 73 resto 5.

La soluzione è dunque data dal numero 542.

81) LE PORTE. Qualunque sia n, la porta n viene cambiata di stato tante volte quanti sono i divisori di n. Inizialmente le porte sono tutte chiuse: quelle che alla fine rimarranno aperte sono allora quelle identificate da un intero n con un numero *dispari* di divisori. Si può dimostrare (ma lo si può prendere come un fatto noto) che ogni numero intero che non sia un quadrato perfetto ha un numero pari di divisori, mentre ogni quadrato perfetto ne ha un numero dispari.
Il problema si riconduce dunque a rispondere a questa domanda: quanti sono i quadrati perfetti minori di 1000? Risposta: sono 31 (infatti si ha $31^2 = 961$, mentre $32^2 = 1.024$).

82) L'ETÀ DEL NONNO. Si può procedere per tentativi, ma conviene ragionare sulle proprietà dei multipli. Bisogna, in particolare, trovare 4 numeri consecutivi che siano il primo pari (multiplo di due), il secondo con la somma delle cifre multipla di 3, il terzo multiplo di 4 e l'ultimo che termini

con 0 o 5. Se quest'ultimo terminasse con 0 allora il numero precedente terminerebbe con 9, quello prima ancora con 8 e il primo della serie con 7: ciò è impossibile visto che deve essere multiplo di 2! Dunque l'ultimo numero della serie deve terminare con 5 (il primo, in questo modo, viene a terminare con 2). Cerchiamo, tra i numeri di due cifre che terminano con 5, tutti quelli che sono preceduti da un multiplo di 4, cerchiamo cioè i multipli di 4 che terminino con la cifra 4. Essi sono:

24; 44; 64; 84.

Visto che sono solo 4, verifichiamo quali di essi è preceduto da un multiplo di 3. L'unico che va bene è 64.

Dunque la serie invocata dal nonno è la seguente:

65 - 64 - 63 - 62 → 61 età attuale del nonno.

83) **LA FAMIGLIA DEGLI ELFI.** Si può facilmente dedurre dai dati numerici che il nonno ha più di 990 anni e meno di 1.000 anni. Inoltre le età richieste sono numeri interi. Ci sono, a questo punto, molti modi di procedere, ad esempio il seguente:

Provare tutti i numeri compresi tra 990 e 1.000. Poiché l'età del nonno deve essere divisibile per 2, cioè pari, l'età della mamma può essere: 496, 497, 498, 499 (495 deve essere scartato perché il nonno avrà 1.000 anni fra meno di 10 anni), individuare quindi tra questi quattro numeri l'unico divisibile per 3: 498. Da ciò si deduce che il giorno del compleanno il nonno ha 996 anni e dunque avrà 1000 anni tra 4 anni.

Osservazione: i tentativi possono anche cominciare a partire dalle età della mamma o della bambina. Oppure ci si può rendere conto che l'età del nonno deve essere un multiplo di 6 (divisibile per 2 e poi per 3) e dunque si possono cercare direttamente i multipli di 6 compresi tra 990 e 1.000. L'unico presente è proprio 996.

84) **SOLO 8 E 9.** Un numero è multiplo di 8 se il numero dato dalle sue ultime tre cifre è multiplo di 8. Poiché 898, 988, 998 non sono divisibili per 8, allora il numero che cerchiamo deve finire con 888. Siccome il numero deve avere almeno una cifra 9 e deve essere il più piccolo possibile, allora è meglio mettere la cifra 9 più a destra che si può. Quindi il numero cercato dovrebbe terminare con 9888. Adesso basta aggiungere davanti al nove tanti 8 quanti ne servono affinché il numero diventi divisibile per 9 (un numero è divisibile per 9 solo quando la somma delle sue cifre è divisibile per 9): ne servono 6. Il numero cercato è allora 8888889888.

La soluzione da dare è dunque 10.

85) **SOLO 4 E 9.** Si veda la soluzione del quesito precedente. Il numero cercato risulta essere 4444449444.

La soluzione da dare è dunque 10.

86) **PAGINE E PAGINE DI STUDIO.** La somma è di questo tipo, parte dall'unità 9 e si conclude con l'unità 7 (di modo da rispettare la condizione che nessun numero di pagina termini con 8). La prima somma di questo tipo che si incontra a partire da pagina 200 è:
$$S_1 = 209 + 210 + \cdots + 217 = 1917.$$
1917 però non è divisibile per 7. Consideriamo allora le altre somme successive a S_1:
$$S_2 = 219 + 220 + \cdots + 227 = 2007.$$
Nemmeno 2007 è divisibile per 7. Si può andare avanti a scrivere ed eseguire tutte le somme ma si può anche notare, più brevemente, che le somme aumentano sempre di 90. Dunque possiamo immediatamente avere le somme successive e resta da verificare quante siano divisibili per 7:

$S_3 = S_2 + 90 = 2097$ → Non è divisibile per 7.
$S_4 = S_3 + 90 = 2187$ → Non è divisibile per 7.
$S_5 = S_4 + 90 = 2277$ → Non è divisibile per 7.
$S_6 = S_5 + 90 = 2367$ → Non è divisibile per 7.
$S_7 = S_6 + 90 = 2457$ → È divisibile per 7.

Occorre proseguire e verificare ancora S_8 e S_9 in quanto il testo stesso prevede la possibilità che la soluzione non sia unica, tuttavia eseguendo questa verifica risulta che nemmeno S_8 e S_9 sono divisibili per 7, dunque 2457 è la soluzione cercata.

87) **MARCO STA ANCORA SCRIVENDO?** Il numero che cerca Marco è il primo intero le cui cifre siano tutte uguali a nove che, diviso per 29, dia resto 7.
Andando dunque per tentativi, ossia dividendo in successione i numeri 99, 999, 9999 per 29 si ottengono come resti rispettivamente 12, 13 e 23. Si ha invece proprio:
$$99999 = 29 \cdot 3448 + 7.$$
Dunque il numero cercato è 3449 (3448 + 1 dato dal 7 iniziale).

88) **LA FAMIGLIA DI SEGNATURA.** Il problema sembra in apparenza che presenti un dato mancante, quello relativo al numero di figli (ciò rende dunque impossibile una risoluzione algebrica del problema). Una possibile via d'uscita è quella di considerare la scomposizione in fattori primi del prodotto delle età (1664) e quindi separare i fattori di modo che ce ne sia uno (che rappresenta il figlio più piccolo) che sia doppio di un altro (che rappresenta il figlio più grande). La soluzione dovrebbe essere unica visto che non ci sono altri dati.
$$1664 = 2^7 \cdot 13.$$
Grazie ai fattori 2 è facile ottenere numeri che siano uno il doppio dell'altro. Tuttavia 13 è da solo, dunque significa che esso rappresenta l'età di un figlio e che inoltre non è né il maggiore, né il minore. Dunque i figli sono almeno 3.

2^7 si può spezzare ad esempio in $2^2 \cdot 2^3 \cdot 2^2$ ma in questo modo ci sarebbero due figli gemelli di 4 anni e uno di 8 anni e non sarebbe rispettata la condizione che il minore (uno solo!) abbia la metà degli anni del maggiore (qui il maggiore risulterebbe quello di 13).
L'unico modo di spezzare 2^7 affinché le cose funzionino è il seguente:
$$2^7 = 2^3 \cdot 2^4.$$
In questo modo i figli sono 3 e hanno come età 8, 13 e 16 anni. La somma delle loro età vale dunque:
$$8 + 13 + 16 = 37.$$

89) **UN MATENINJA DEL PASSATO.** Innanzitutto l'informazione sul secolo in cui è vissuto Tartaglia restituisce le prime due cifre dell'anno. Trattandosi del XVI secolo, siamo nel 1500.
La seconda condizione (somma delle cifre pari a 18) porta a dire che le altre due cifre devono avere come somma 18 - 1 - 5 = 12. Dunque le uniche possibilità sono le seguenti:

    93   39
    84   48
    57   75
    66

La terza condizione fissa in modo univoco la soluzione. L'unica coppia che la rispetta è 57.
Pertanto l'anno di morte di Tartaglia è il 1557.

90) **I SASSI DI ALBERTO.** Si può procedere andando a ritroso, ossia sottraendo dal numero di sassi quelli raccolti di volta in volta, osservando che unendo i sassi raccolti il primo e l'ultimo giorno (1+1), il secondo giorno e il penultimo (2+2), il terzo giorno e il terz'ultimo (3+3) si ottiene:
$$2 + 4 + 6 = 12 \text{ sassi.}$$
Dunque restano ancora
$$52 - 12 = 40 \text{ sassi.}$$
Se i sassi raccolti negli altri giorni sono 4 al giorno, i giorni rimanenti sono in tutto
$$40 : 4 = 10.$$
Pertanto la vacanza di Alberto è durata un numero di giorni n pari a:
$$n = 10 + 6 = 16 \text{ giorni.}$$

91) **ALLENATORI POKEMATH.** Senza ricorrere alle equazioni, si può risolvere il problema per via grafica, rappresentando le età di E, F come due segmenti, uno di lunghezza tripla dell'altra e di cui si conosce la somma. Le parti sono in tutto 4 e pertanto per trovare l'età del più piccolo, ossia di E, è sufficiente fare:
$$E = 36 : 4 = 9.$$

92) L'AUTO CHE CONSUMA DI PIÙ. Il problema può essere risolto per via grafica, schematizzando il consumo di dell'auto che consuma meno con un simbolo (o un segmento di lunghezza unitaria). La seconda auto sarà rappresentata da un doppio simbolo (o un segmento di lunghezza doppia), la terza da tre simboli e così via.

In tutto vi sono:
$$1 + 2 + 3 + 4 + 5 + 6 + 7 + 8 + 9 + 10 = 55 \text{ simboli (o parti)}$$

Dunque dividendo il consumo totale per il numero di parti si ha il consumo unitario, ossia il consumo della prima auto:
$$429 : 55 = 7,8 \text{ litri.}$$

Dunque la decima auto consuma esattamente:
$$7,8 \cdot 10 = 78 \text{ litri.}$$

93) È PRIMAVERA! Il problema può essere risorto per via grafica, rappresentando i 5 vasi con dei segmenti:

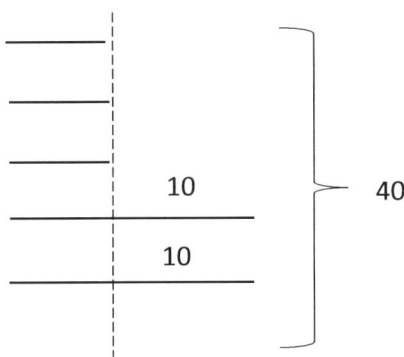

Se al totale di 40 bulbi si tolgono i 20 bulbi in più dei vasi grandi, resta 5 volte la stessa quantità. Dividendo per 5 si ottiene dunque il quantitativo di bulbi presente in ciascun vaso piccolo:
$$(40 - 20) : 5 = 4 \text{ bulbi.}$$

94) COLLABORARE. Il problema si può risolvere banalmente per via algebrica impostando una equazione, ma anche per via grafica, rappresentando i tempi dei vari concorrenti con un segmento o un simbolo:

    1° concorrente: ■
    2° concorrente: ■ ■
    3° concorrente: ■
    4° concorrente: ■ ■
    Totale = 6 ■

Pertanto è sufficiente dividere il tempo totale per 6 per trovare il tempo impiegato dal primo concorrente:

$$t = 90 : 6 = 15 \text{ minuti.}$$

95) **LA PINETA.** Senza, al solito, ricorrere alle equazioni, si può risolvere il problema ad esempio con un ragionamento basato su un metodo grafico. 6 e 4 hanno come multiplo in comune 12, dunque si potrebbe rappresentare l'intero lavoro da compiere (o gli alberi da abbattere se si preferisce) come 12 quadretti.

| A | A | L | L | L | | | | | | | |

Visto che Aldo esegue l'intero lavoro in 6 ore, in 2 ore farà soltanto 2 quadretti, mentre Luigi, che esegue l'intero lavoro in 4 ore, in un'ora farà 3 quadretti. Dunque in un'ora i due, assieme, fanno 5 quadretti. In due ore ne faranno 10 e resteranno 2 quadretti. A quanto corrisponde un quadretto? Facile: se 5 quadretti sono 1 ora, cioè 60 minuti, un quadretto sono

$$60 : 5 = 12 \text{ minuti.}$$

Dunque Luigi e Aldo, lavorando insieme, impiegano

$$2 \text{ ore} + 24 \text{ minuti} = 120 + 24 = 144 \text{ minuti.}$$

Soluzione algebrica: L'equazione che risolve il problema risulta essere:

$$\frac{x}{4} + \frac{x}{6} = 1 \;\rightarrow\; x = \frac{12}{5} \text{ di ora} = 144 \text{ minuti.}$$

96) **LE FRECCE DI CAL.** Il problema si può risolvere procedendo a ritroso:
   prima battaglia = 15 frecce;
   seconda battaglia = 15 + 3 = 18 frecce;
   terza battaglia = 18 · 2 = 36 frecce;
   quarta battaglia = 36 - 10 = 26 frecce.
   Totale frecce usate = 15+18+36+26 = 95 frecce.

97) **DOLCETTI PER TUTTI.** Si può procedere a ritroso in questo modo:

I passo: se 8 dolcetti sono ciò che rimane dopo aver mangiato $\frac{1}{3}$ dei dolcetti allora significa che gli 8 dolcetti rappresentano i $\frac{2}{3}$ dei dolcetti che c'erano prima, pari dunque a :

$$N_1 = 8 \cdot \frac{3}{2} = 12 \text{ dolcetti.}$$

II passo: stessa cosa di prima, dunque:
$$N_2 = 12 \cdot \frac{3}{2} = 18 \text{ dolcetti}.$$
III passo: stessa cosa di prima, dunque:
$$N_3 = 18 \cdot \frac{3}{2} = 27 \text{ dolcetti}.$$

98) LA VINCITA AL LOTTO. Si può procedere a ritroso in questo modo:

I passo: se 200 € sono i $\frac{2}{3}$ allora i $\frac{3}{3}$ sono 300 €.

II passo: 300 + 200 = 500 € che rappresentano i $\frac{2}{3}$. Dunque i $\frac{3}{3}$ sono pari a $500 \cdot \frac{3}{2} = 750$ €.

III passo: 750 + 200 = 950 € che rappresentano i $\frac{2}{3}$. Dunque i $\frac{3}{3}$ sono pari a $950 \cdot \frac{3}{2} = 1425$ €.

1425 € è l'importo iniziale dell'intera vincita.

99) LASCIA O TRIPLICA. Bisogna trovare il numero che, trasformato tre volte di seguito dalla funzione "moltiplicare per 3 poi sottrarre 12", dà 87 come risultato. Un modo di procedere è quello di andare a ritroso. La vincita della terza partita ha fruttato a Paolo 87 + 12 = 99 gettoni. Allora i gettoni che aveva prima della terza partita erano:
$$99 : 3 = 33.$$
Analogamente si calcola quanti gettoni Paolo ha dopo la seconda partita: 33 + 12 = 45. Dunque prima di giocare la sua seconda partita, aveva
$$45 : 3 = 15 \text{ gettoni}.$$
Visto che regala 12 gettoni dopo la prima partita, Paolo deve aver vinto 15 + 12 = 27 gettoni nella prima partita. Ciò permette di affermare che Paolo aveva inizialmente
$$27 : 3 = 9 \text{ gettoni}.$$

Soluzione algebrica: Sia x il numero dei gettoni che Paolo aveva prima di giocare la prima partita. Dopo la prima partita, dopo aver dato i gettoni a suo fratello, Paolo aveva
$$3x - 12 \text{ gettoni}.$$
Dopo la seconda partita, dopo aver dato i gettoni a suo fratello, Paolo aveva
$$3(3x - 12) - 12 \text{ gettoni}.$$
Dopo la terza partita, dopo aver dato i gettoni a suo fratello, Paolo ha
$$3[3(3x - 12) - 12] - 12 \text{ gettoni}.$$
L'equazione risolvente è dunque:
$$3[3(3x - 12) - 12] - 12 = 87.$$
Che ha come soluzione
$$x = 9.$$

100) **IL PASSATEMPO DELLE GUARDIE.** Il problema si può risolvere procedendo a ritroso: se c'è un numero pari dividiamo per 2, se c'è un numero dispari moltiplichiamo per $\frac{2}{3}$. Dunque si ha:

$$1944 \xrightarrow{:2} 972 \xrightarrow{:2} 486 \xrightarrow{:2} 243 \xrightarrow{\cdot\frac{2}{3}} 162 \xrightarrow{:2} 81 \xrightarrow{\cdot\frac{2}{3}} 54 \xrightarrow{:2} 27 \xrightarrow{\cdot\frac{2}{3}} 18 \xrightarrow{:2} 9 \xrightarrow{\cdot\frac{2}{3}} 6 \xrightarrow{:2} 3 \xrightarrow{\cdot\frac{2}{3}} 2 \xrightarrow{:2} 1$$

In tutto sono stati effettuati 13 lanci.

NUOVI 21

1) **DIVISIONI.** Ricordando che in una gara di matematica non si dispone di calcolatrice, per eseguire questa espressione conviene scriverla (e risolverla) come espressione frazionaria:

$$\frac{2016}{2017} - \frac{2016002016}{2017002017} = \frac{1000001 \cdot 2016 - 2016002016}{2017002017} = \frac{2016002016 - 2016002016}{2017002017} = 0.$$

La risposta da dare è dunque 0.

2) **IL RESTO.** Grazie al criterio di divisibilità sappiamo che un numero è divisibile per 9 se la somma delle cifre è pari a 9 o un multiplo di 9. Ciò vale anche per il resto: il resto della divisione è lo stesso che si ha dividendo per 9 la somma delle cifre. In questo caso la somma s delle cifre che compongono il numero vale:

$$s = 1 + 2 \cdot 2 + 3 \cdot 3 + \cdots + 9 \cdot 9 = 1 + 4 + 9 + 16 + 25 + 36 + 49 + 64 + 81 = 285.$$

Per sapere il resto della divisione di s per 9 si può nuovamente applicare il procedimento appena descritto e trovare la somma s' delle cifre:

$$s' = 2 + 8 + 5 = 15.$$

La divisione per 9 è ora immediata:

$$s' : 9 = 1 \text{ resto } 6.$$

La risposta da dare è dunque 6.

3) **CIFRE DECIMALI.** Occorre capire la periodicità con cui si ripetono le cifre o, detto in altri termini, trovare il periodo del numero decimale (evidentemente periodico) che si forma. Esso è composto da 8 cifre e vale:

$$50684931$$

Non presentando il numero antiperiodo, la nona cifra decimale sarà un 5, la decima 0 e così via. Per sapere la cifra in una posizione qualsiasi (in particolare quelle grandi) è sufficiente eseguire la divisione per 8 e considerare il resto. Se il resto è 1 la cifra sarà 5, se il resto è 2 sarà 0, se il resto è 3 sarà 6 e così via. Se il resto è zero la cifra sarà l'ultima del periodo, ossia 1.

Il problema richiede le cifre nelle seguenti posizioni:

- undicesima → 11 : 8 = 1 resto 3 → cifra 6;
- Centounesima → 101 : 8 = 12 resto 5 → cifra 4;
- milleunesima → 1001 : 8 = 125 resto 1 → cifra 5.

La risposta da dare è dunque 645.

4) I CALCOLI DI ELENA. Come suggerisce il testo stesso del problema, il trucco sta nello scomporre tutte le basi presenti nel testo in fattori primi ed applicare quindi le proprietà delle potenze. Si ha:

$$(12^{20} \cdot 14^{49} \cdot 18^{15} \cdot 21^{53}) : 42^{101} = [(2^2 \cdot 3)^{20} \cdot (2 \cdot 7)^{49} \cdot (2 \cdot 3^2)^{15} \cdot (3 \cdot 7)^{53}] : (2 \cdot 3 \cdot 7)^{101} =$$
$$= 2^{40} \cdot 3^{20} \cdot 2^{49} \cdot 7^{49} \cdot 2^{15} \cdot 3^{30} \cdot 3^{53} \cdot 7^{53} : (7^{101} \cdot 2^{101} \cdot 3^{101}) =$$
$$= 2^3 \cdot 3^2 \cdot 7^1 = 8 \cdot 9 \cdot 7 = 504.$$

Il risultato del calcolo di Elena è dunque 504.

5) SPECIALE. La soluzione è più banale di quel che non lasci intendere la formulazione del quesito. Con il fatto che è stato chiesto *il più piccolo* numero speciale di quattro cifre, bisogna considerare i numeri da 1000 a 9999 (in una gara di matematica oltre non si va). Guardando a 1000 si vede che esso stesso è speciale, in quanto soddisfa alla richiesta: 1 · 0 = 0 + 0. La soluzione da dare è pertanto 1000.

6) IL FILO DI ARIANNA. Con un semplice calcolo frazionario possiamo calcolare quanto vale il tratto BC, dato dalla differenza tra AC e AB (tutti e tre i segmenti sono espressi in funzione della lunghezza totale del filo, che non è nota):

$$BC = \frac{1}{6} - \frac{1}{15} = \frac{5-2}{30} = \frac{3}{30}$$ della lunghezza totale.

Siccome il tratto AB è $\frac{1}{15}$ della lunghezza totale, significa che BC è una volta e mezza AB. Se dunque con il tratto AB vengono effettuati 2 giri, con il tratto BC ne verranno effettuati esattamente 3.

7) A SAMO: LA PESTE! Se l'epidemia colpisce metà degli uomini e metà delle donne, significa che tutto si dimezza, compresa la differenza tra i due gruppi. Quindi, a epidemia finita, il numero delle

donne supera di 200 quello degli uomini. Pertanto ci sono due quantità incognite, il numero degli uomini e quello delle donne e si conosce la loro somma (1400) e la loro differenza (200). Questo problema si può risolvere evitando la via algebrica (sistema di due equazioni in due incognite) con il semplice metodo grafico dei segmenti:

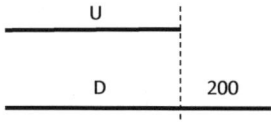

Per ottenere il numero delle donne è sufficiente aggiungere 200 alla somma (si ottiene così graficamente due volte il segmento più lungo) e dividere il risultato per 2:

$$D = (1400 + 200) : 2 = 800.$$

Questo conto è stato fatto con le persone sane: 800 è dunque il numero di donne sane, ma esso è pari anche a quello delle donne ammalate, in quanto l'epidemia ha dimezzato sia gli uomini sia le donne!

8) A TIRO: APPROVVIGIONAMENTI. Si tratta di un cosiddetto problema del "tre composto", dove vi sono tre grandezze legate tra di loro: numero di persone, grammi assunti, numero di giorni. Andiamo ad analizzare i legami di proporzionalità (diretta o inversa) che sussistono: il numero di giorni in cui durano le provviste è inversamente proporzionale al numero di persone che ci sono ma anche al quantitativo di grammi assunti. Possiamo dunque calcolare il prodotto tra persone e grammi assunti per ottenere una sola quantità (il grano consumato) che è inversamente proporzionale al numero di giorni. In questo modo il problema del tre composto diviene un problema del tre semplice inverso. La tabella riassume la proporzionalità ottenuta:

N. persone	Grammi Assunti	Tot Grano consumato = N persone · Grammi	Numero di giorni
120	180	21600	90
160	150	24000	?

Il numero di giorni incognito si può dunque ottenere con la proporzione:

$$21600 : 24000 = x : 90$$
$$\rightarrow x = \frac{21600 \cdot 90}{24000} = 81.$$

La risposta da dare è dunque 81 giorni.

9) **A CRETA: IL LABIRINTO.** Si può andare a tentativi, ma conviene prima effettuare una serie di considerazioni dettate dalla logica e dal buon senso. Con le cifre assegnate si possono formare solo numeri di 1 o 2 cifre, perché altrimenti si va subito oltre al 100, limite che è imposto dal testo. Per ottenere numeri elevati conviene usare le cifre con più alto valore come decine e combinarle con le restanti cifre al posto delle unità. Non ha importanza come si scelga di combinarle, perché comunque le unità si addizionano tra loro nella somma finale. Dunque si potrebbe tentare con questa somma:

$$61 + 52 + 43 = 156.$$

Purtroppo si è ottenuto un numero maggiore di 100.

Evidentemente si devono considerare due soli numeri di 2 cifre e poi sommare le restanti cifre come numeri da una cifra. Conviene che la somma tra decine dia 8 di modo da poi aggiungere le unità e superare i 90. Facendo qualche tentativo si può allora trovare:

$$65 + 24 + 1 + 3 = 93.$$

(Come detto, non è la sola somma possibile, va bene anche $63 + 21 + 5 + 4$ così come tutte quelle che si ottengono cambiando tra loro le cifre delle unità!).

La risposta da dare è dunque 93 stanze.

10) **VIA DELLA REPUBBLICA.** Conviene elencare le possibili coppie di numeri civici e andare a verificare quale di esse soddisfa le altre tre condizioni date. Le possibili coppie da analizzare sono:

$$(31, 13); (42, 24); (53, 35); (64, 46); (75, 57); (86, 68); (97, 79).$$

Di esse l'unica che soddisfa le condizioni date (osserviamo che sono ridondanti, ne sarebbe bastata una sola su 3) è la seguente:

$$(42, 24).$$

La soluzione da dare è pertanto 2442.

11) **LA STAMPANTE DIFETTOSA.** Calcoliamo il numero di cicli di "pagine corrette; pagine rovinate" che si hanno con 2500 copie, eseguendo la semplice divisione:
$$2500 : 14 = 178 \text{ resto } 8.$$
Siccome la copia rovinata è all'inizio di ogni ciclo, occorre aggiungere 179 al numero totale di copie (fosse stata invece in fondo al ciclo, sarebbe bastato 178). Il numero minimo N di copie da impostare è dunque

$$N = 2500 + 179 = 2679.$$

12) **RESTO MASSIMO.** Essendo il numero D che si divide (dividendo) di due cifre, la massima somma delle cifre (ossia il massimo valore del divisore) è pari a 18. La risposta da dare è quindi sicuramente un numero minore o uguale di 17. Andiamo ad analizzare le possibilità che si hanno a partire dal valore del divisore $d = 18$, a scendere:

- $d = 18$ → $D = 99$ → $99 : 18 = 5$ resto 5.

- $d = 17$ → $D = 98$ → $98 : 17 = 5$ resto 13;
  → $D = 89$ → $89 : 17 = 5$ resto 4.

- $d = 16$ → $D = 97$ → $97 : 16 = 6$ resto 1;
  → $D = 88$ → $88 : 16 = 5$ resto 8;
  → $D = 79$ → $79 : 16 = 4$ resto 15.

Per valori inferiori del divisore d i resti saranno tutti necessariamente più piccoli (se $d = 15$ il resto sarà minore o uguale di 14 e così via). La soluzione da dare è dunque 15.

Nota: è evidente che proseguendo con divisori più piccoli non si può ottenere un resto maggiore di 15.

13) **IN CANTINA.** Dall'analisi dei dati del testo si deducono le seguenti equivalenze:

- 36 scatole grandi equivalgono a 12 scatole grandi + 45 piccole;
- 12 scatole grandi + 45 piccole equivalgono a 12 scatole grandi + 42 scatole piccole + 24 bottiglie.

Da ciò si deduce quindi che:

- 24 scatole grandi equivalgono a 45 scatole piccole;
- 3 scatole piccole equivalgono a 24 bottiglie.

Si può ora procedere aritmeticamente in diversi modi. Per esempio, si può considerare che le 24 bottiglie rimaste da imballare andrebbero nelle 3 (= 45 − 42) scatole piccole mancanti. Da ciò si deduce che in una scatola piccola entrano esattamente 8 bottiglie e che il numero n di bottiglie che Alberto dovrebbe mettere nelle 45 scatole piccole è

$$n = 45 \cdot 8 = 360.$$

Questo numero è anche il numero di bottiglie che Alberto avrebbe dovuto imballare in 24 (= 36 −12) scatole grandi, da ciò dunque si deduce che ogni scatola grande contiene

$$360 : 24 = 15 \text{ bottiglie}.$$

Ora si può dunque calcolare il numero N di bottiglie riempito da Albero. Esso vale:
$$N = 15 \cdot 36 = 540.$$
La risposta da dare è dunque 540.

14) **FERMAT.** Il problema è molto semplice una volta compreso a fondo il testo. Lo si può riformulare in questo modo: consideriamo le potenze dei numeri naturali da 2 in poi. Scegliendo un opportuno numero come base, qual è il più grande valore che si può dare all'esponente per ottenere un numero minore di 1000? Attenzione, perché il quesito non chiede qual è il più alto numero che si può ottenere, ma qual è il più alto esponente! Compreso ciò, viene immediato pensare di prendere come base 2 di modo da poter massimizzare il valore dell'esponente. Occorre dunque calcolare le potenze di 2:
$$2^2 = 4; \ 2^3 = 8; \ \ldots \ 2^9 = 512.$$
La successiva potenza restituisce un numero maggiore di 1000 e dunque non va bene. Il massimo numero di fattori tutti uguali tra loro, dunque il massimo esponente possibile, e quindi la risposta da dare, è 9.

15) **GAUSS.** Si tratta di calcolare la somma di questa successione numerica: 5; 7; 9; ...; 103. L'ultimo termine è 103 in quanto abbiamo sommato 49 volte il numero 2 al primo numero della successione, che è 5 (in tutto, quindi, 50 termini). Ora, come suggerisce il nome stesso del quesito, si può calcolare questa somma con la regola di Gauss delle progressioni aritmetiche, ossia osservando che la somma del primo con l'ultimo termine è pari alla somma del secondo termine con il penultimo e così via. In questo caso abbiamo 25 coppie che danno come somma 108. La somma richiesta vale dunque:
$$S = 108 \cdot 25 = 2700.$$

16) **IL MASSIMO MCD.** Come nella maggior parte dei problemi su mcm e MCD, conviene partire a ragionare dalla scomposizione in fattori primi, in questo caso quella del prodotto dei due numeri (sconosciuti):
$$45000 = 2^3 \cdot 3^2 \cdot 5^4.$$
Quando si calcola il Massimo Comun Divisore, occorre prendere solamente i fattori comuni ai due numeri, con il minimo esponente con cui compaiono. Per massimizzare il MCD occorre dunque ripartire i fattori presenti nella scomposizione in maniera da avvicinarsi, il quanto più possibile, alla metà (se gli esponenti fossero tutti pari si avrebbe la metà esatta e il MCD sarebbe proprio pari alla metà del prodotto). In questo caso la miglior ripartizione possibile è la seguente:
$$n_1 = 2^2 \cdot 3 \cdot 5^2 \ ; n_1 = 2 \cdot 3 \cdot 5^2.$$

Da cui risulta che:
$$MCD\,(n_1;n_2) = 2 \cdot 3 \cdot 5^2 = 150.$$

17) MCD e MCM. Scomponiamo i numeri dati in fattori primi ed effettuiamo quindi un ragionamento al contrario rispetto a quanto si fa di solido per determinare MCD e mcm di due numeri x e y:
$$MCD(x;y) = 6 = 2 \cdot 3;$$
$$mcm(x;y) = 168 = 2^3 \cdot 3 \cdot 7.$$

I fattori presenti nell'MCM devono essere presenti in entrambi i numeri; quelli dell'mcm possono essere messi a piacere in uno o nell'altro numero ma non in entrambi. In questo caso le possibilità non sono molte, ma si riducono a queste due:

$$\begin{cases} x = 2 \cdot 3 = 6 \\ y = 2^3 \cdot 3 \cdot 7 = 168 \end{cases} \text{oppure} \begin{cases} x = 2 \cdot 3 \cdot 7 = 42 \\ y = 2^3 \cdot 3 = 24 \end{cases}$$

Che portano ad avere queste due possibili somme:
$$S_1 = 6 + 168 = 174; \quad S_2 = 42 + 24 = 66.$$

Chiedendo il problema *la più piccola* somma possibile, la risposta da dare è 66.

18) APPARENZA. La risposta che viene, di primo impulso, da dare è 100, basandosi sulla falsa (e apparente, da qui il titolo del quesito) supposizione che tutte le operazioni proposte si annullino tra di loro. Ciò vale per il quinto del quintuplo (ossia :5 e ·5) e per la metà del doppio (ossia :2 e ·2), ma non vale per le percentuali. Quando si ha una doppia percentuale, infatti, i valori a cui sono applicate le due percentuali sono differenti.
Facendo il 10% in meno di 100 si ottiene 90, calcolando ora il 10% di 90 non si ottiene 10 ma 9! Che sommato a 90 dà come risultato 99.
La risposta da dare è pertanto 99.

19) SALDI. Come spesso accade nei problemi con le doppie percentuali, è facile incorrere in una soluzione errata. Il suggerimento è quello di effettuare una attenta verifica prima di consegnare la soluzione.

Iniziamo con il calcolare i soldi risparmiati con l'acquisto delle tre camice a 84 euro. Se fossero state acquistate quando ciascuna costava 40 euro, la spesa sarebbe stata di 120 euro. Pertanto il risparmio su ciascuna camicia è dato dalla differenza divisa per 3:

$$r = (120 - 84) : 3 = 12 \text{ euro}.$$

(Si sarebbe potuto anche subito dividere 84 per 3 e quindi sottrarre il risultato a 40).

Ora viene la parte più difficile: 12 euro rappresenta il triplo del risparmio iniziale? Verrebbe da pensare di sì, concludendo in questo modo che inizialmente sono stati risparmiati 4 euro e che dunque il prezzo iniziale di una camicia fosse 44 euro. Ma effettuando la verifica:

$$44 \xrightarrow{1°sconto=4} 40 \xrightarrow{2°sconto=12} 28$$
$$\xrightarrow{sconto\ totale=16\ euro}$$

si scopre che 16 (sconto totale risultante) è il quadruplo di 4 (sconto iniziale) e non il suo triplo!

12, dunque, non rappresenta il triplo del risparmio, ma va sommato al risparmio iniziale (non noto) per essere il triplo del risparmio. Il problema diviene dunque un problema algebrico, ma può essere facilmente risolto a tentativi e con il buon senso logico senza ricorrere ad equazioni:

$$? \xrightarrow{1°sconto=x} 40 \xrightarrow{2°sconto=12} 28$$
$$\xrightarrow{sconto\ totale=3x}$$

La soluzione che fa quadrare i conti è che il valore del primo sconto sia pari a 6 euro:

$$46 \xrightarrow{1°sconto=6} 40 \xrightarrow{2°sconto=12} 28$$
$$\xrightarrow{sconto\ totale=18\ euro}$$

La soluzione da dare, dunque, è 46.

20) **L'ETÀ DI CIRO.** Si può procedere in più modi, uno può essere quello di partire dal prodotto delle età di Angelo e Bruno e, mediante la sua scomposizione in fattori primi, risalire alle possibili età dei due uomini:

$$1992 = 2^3 \cdot 3 \cdot 83.$$

Essendoci 83 nella scomposizione, non è possibile combinarlo con altri fattori (anche solo combinandolo con due risulterebbe una età pari a 166, cosa evidentemente impossibile! E in ogni caso il testo precisa che nessuno è centenario).

Uno dei due (si presume il bisnonno) ha dunque 83 anni, mentre l'altro ne ha 24 (si presume il più giovane, visto che Ciro e Dino sono già padri).

La sequenza di età può dunque essere:

A 24	D	C	B 83
A 24	C	D	B 83
B 24	D	C	A 83
B 24	C	D	A 83

Passiamo ad analizzare le altre informazioni. La seconda riguarda la differenza di età tra Ciro e Bruno, che è sempre legata alla scomposizione in fattori primi di 1992. Questa differenza non può essere 83: da quanto ricavato prima sappiamo infatti che Bruno può avere 83 anni (e allora Ciro sarebbe coetaneo, ma il testo ci dice che appartengono a generazioni diverse) oppure 24 anni, ma allora Ciro sarebbe centenario (83+24=107) e ciò va contro le ipotesi del testo. Si deduce pertanto che la differenza tra le età di Ciro è Bruno deve essere 24 o un suo divisore. Guardando ai casi possibili della tabella, dobbiamo però escludere qualunque divisore di 24 (sono tutti minori o uguali a 12) in quanto ci sarebbe un padre divenuto tale a una età biologicamente impossibile (12 anno o meno).

Restano dunque solo 2 casi possibili:

- C – B = 24 e B = 24 → C = 48
- B – C = 24 e B = 83 → C = 59

Che portano quindi ad avere:

A 24	D	C 59	B 83
A 24	C 59	D	B 83
B 24	D	C 48	A 83
B 24	C 48	D	A 83

Per stabilire quale sia di queste la soluzione, bisogna tenere conto dell'ultima informazione, ossia quella a riguardo delle età di Ciro e Dino quando sono divenuti padri (bisogna dunque sottrarre l'età di chi li precede e sommare 1 all'età di Dino (o togliere 1 a quella di Ciro). Si h

A 24	D 42	C 59	B 83	Ok
A 24	C 59	D ?	B 83	Impossibile
B 24	D ?	C 48	A 83	Impossibile
B 24	C 48	D 73	A 83	Impossibile: A – D =10

Avendo chiesto il problema l'età di Dino, la soluzione da dare è 59.

21) IL NUMERO DEL DIRETTORE. Problema non facile, nemmeno da catalogare in un'unica tipologia: è un misto di aritmetica, conteggio e logica.

Per prima cosa elenchiamo i possibili codici, guardando come si può ottenere il numero 10 usando 5 cifre e, per ciascuna possibilità, guardiamo quante sono le permutazioni possibili:

- a) $10 = 1 + 1 + 1 + 1 + 6$ → 5 possibili codici (11116; 11161; 11611; 16111; 61111);
- b) $10 = 1 + 1 + 1 + 2 + 5$ → 20 codici possibili;
- c) $10 = 1 + 1 + 1 + 3 + 4$ → 20 codici possibili;
- d) $10 = 1 + 1 + 2 + 3 + 3$ → 30 codici possibili;
- e) $10 = 1 + 2 + 2 + 2 + 3$ → 20 codici possibili;
- f) $10 = 2 + 2 + 2 + 2 + 2$ → 1 solo codice possibile.

Il numero di permutazioni è importante, perché per ogni combinazione va calcolato il numero di controllo e usato tante volte quanti sono i codici possibili (visto che sono tutti utilizzati), ossia va moltiplicato per il numero delle permutazioni. I codici di controllo sono:

- a) $1 \cdot 1 \cdot 1 \cdot 1 \cdot 6 = 6$;
- b) $1 \cdot 1 \cdot 1 \cdot 2 \cdot 5 = 10$;
- c) $1 \cdot 1 \cdot 1 \cdot 3 \cdot 4 = 12$;
- d) $1 \cdot 1 \cdot 2 \cdot 2 \cdot 4 = 16$;
- e) $1 \cdot 2 \cdot 2 \cdot 2 \cdot 3 = 24$;
- f) $2 \cdot 2 \cdot 2 \cdot 2 \cdot 2 = 32$.

Il numero del direttore risulta dunque:

$$6 \cdot 5 + 10 \cdot 20 + 12 \cdot 20 + 16 \cdot 30 + 18 \cdot 30 + 24 \cdot 20 + 32 \cdot 1 = 2002.$$

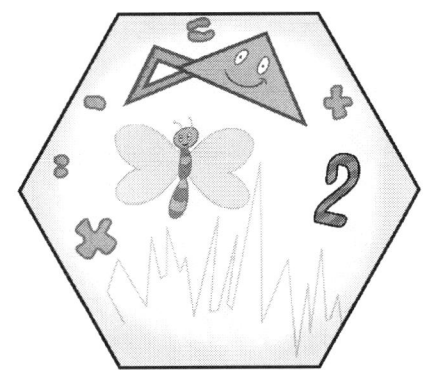

INDICE

PREFAZIONE 7
TESTI DEI PRIMI 99 PROBLEMI 9
TESTI DEI NUOVI 21 PROBLEMI 32
SOLUZIONI SOLO NUMERICHE 37
    PRIMI 99 37
    NUOVI 21 38
SOLUZIONI PIÙ DETTAGLIATE 39
    PRIMI 99 39
    NUOVI 21 74
VOLUMI DELLA COLLANA "MATEMATICA A SQUADRE" 86
CALCOLI, APPUNTI E NOTE PERSONALI 88

VOLUMI DELLA COLLANA "MATEMATICA A SQUADRE"

Volumi Disponibili

- ✓ *MATEMATICA A SQUADRE: 366 e più problemi delle gare di matematica a squadre per le scuole medie e il primo biennio [Zenith Books, 2017 pp. 350]*

- ✓ *MATEMATICA A SQUADRE: SPECIALE LOGICA [Zenith Books, 2018]*

- ✓ *MATEMATICA A SQUADRE: SPECIALE FISICA & ALGEBRA [Zenith Books, 2018]*

- ✓ *MATEMATICA A SQUADRE: SPECIALE ARITMETICA [Zenith Books, 2018]*

Di Prossima Pubblicazione:

- ✓ MATEMATICA A SQUADRE: SPECIALE GEOMETRIA

- ✓ MATEMATICA A SQUADRE: SPECIALE CONTEGGIO, PROBABILITA', & STATISTICA

- ✓ MATEMATICA A SQUADRE: I 10 PIU' BEI QUESITI DELLE GARE A SQUADRE & GARE A TEMA

«Non si smette di giocare quando si invecchia, ma si invecchia quando si smette di giocare.»

George Bernard Shaw.

CALCOLI, APPUNTI E NOTE PERSONALI

Made in the USA
Lexington, KY
03 May 2018